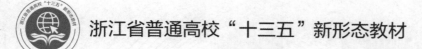

浙江省普通高校"十三五"新形态教材

"互联网+"

Photoshop进阶式教程

杨 胜◎主 编

方建平 吴 宁◎副主编

ZHEJIANG UNIVERSITY PRESS
浙江大学出版社
·杭州·

图书在版编目（CIP）数据

"互联网+"Photoshop进阶式教程 / 杨胜主编. --
杭州 ：浙江大学出版社，2024.6
ISBN 978-7-308-24631-6

Ⅰ．①互… Ⅱ．①杨… Ⅲ．①图像处理软件—教材
Ⅳ．①TP391.413

中国国家版本馆CIP数据核字(2024)第035245号

"互联网+"Photoshop进阶式教程
"HULIANWANG +" Photoshop JINJIESHI JIAOCHENG

杨胜　主编

责任编辑	汪荣丽
责任校对	沈巧华
封面设计	林智广告
出版发行	浙江大学出版社
	（杭州市天目山路148号　　邮政编码　310007）
	（网址：http://www.zjupress.com）
排　　版	杭州林智广告有限公司
印　　刷	杭州捷派印务有限公司
开　　本	787mm×1092mm　1/16
印　　张	10.5
字　　数	230千
版 印 次	2024年6月第1版　2024年6月第1次印刷
书　　号	ISBN 978-7-308-24631-6
定　　价	49.80元

"表现"与"创意"历来密不可分，这是设计能力的一体两面。无论是建筑设计、城乡规划设计、风景园林设计等行业，还是环境艺术、产品器具、工业造型、包装平面等行业，莫不如此。凡是"设计"，从某种意义上说是超越科学和艺术的，其之所以可贵，是因为与众不同。设计对美好生活的功能需求均离不开表现，因为创意在于"思想"，而表现在于"传达"。

有这么一种说法，创意好的不一定表现好，但表现好的创意一定不差。前者有如"茶壶里煮饺子"的憋闷，而后者也许还有用表现去补足创意的得意。诚然，表现好的说明其美学素养、艺术眼光及人文情怀等均有体现，那么"创意"又能差到哪儿去呢？我一直认为，设计能力是创意和表现均要具备的，不可割裂。

当然，先进的工具会为表现助力，但是根本的还在于创意与表现合体的设计。

事实上，过去建筑师做效果图所用的传统技法，如裱纸、起稿、透视、渲染等，无一不体现出先进工具的重要性。谈到工具，首先是笔的进步。20世纪90年代初期，出现了"喷笔"，其表现力远超毛笔。"喷笔"初期的效果很好，但是后期由于有精细的"刻膜"过程，也让"画作"变成了"制作"。

费工费时的"制作"使"喷笔"的表现效果图变得精细而精美，也更符合大众的审美。市场上开始有了不做建筑设计而专门制作"喷笔"效果图的从业者。这一从业类型可以说是后期"效果图制作公司"的雏形。当然，这种"喷笔"效果图制作者，与工具革命之后的"电脑效果图制作公司"不可同日而语。

工具的先进性时期被工具的革命性时期所取代是在20世纪90年代的后半段。由于计算机辅助设计的运用逐渐应用到教学，加之受到电脑性能的提升、购买软件成本的降低等因素的影响，使得建筑师们开始买电脑学软件。从CAD到3DS，必不可少的PS（Photoshop的简称）也是革命性的。然后，效果图公司开始取代了建筑师"表现"的那部分工作。随着"表现"的素养和技能的下降，设计者的"创意"无法直接表达，导致不得不花大量的时间去与创意不足、仅会使用软件的效果图公司从业者沟通。由于效果图制作者的专业素质参差不齐，往往无法直接理解建筑师的意思，导致沟通结果往往有词不达意、隔靴搔痒之感。

所以，创意的"表现"能力还是需要的，不仅仅是所谓的技多不压身。

PS是3DS渲染之后的润色提升，当然其功能强大，远不及此。作为图像处理软件，Photoshop主要处理由像素所构成的数字图像。使用其众多的编修与绘图工具，可以有效地进行图片编辑和创造工作。PS 有很多用途，在图像、图形、文字、视频、出版等方面都有涉及。它非常有趣，令人着迷，这是我的切身感受。

有鉴于此，本教材作者开始了表现技能"PS"的探索，所编写的这些内容都是日常教学所需。本教材是基于作者开设的课程"数字化辅助设计I"的教学内容而编写的，Photoshop软件学习部分作为该课程的重要板块，是建筑学专业的选修课，具有较强的专业性和实践性。

博士入学初到昆明的杨胜，作为助手协助我进行设计课的教学。有着华中农业大学园艺学学士和华中科技大学建筑学学士以及英国利物浦大学建筑学硕士学历的他，也有多个设计院工作的经验，同时还有衢州学院专任教师的教学体验，所以由这样的建筑师针对建筑设计进行编写的PS教程，一定比其他通识性的PS教程更有针对性。

因此，祝广大读者"创意"与"表现"俱足、"思想"和"传达"兼备。相信这本教材能让你在设计的道路上如虎添翼！

是为序。

昆明理工大学建筑与城市规划学院教授、博士生导师

杨毅

2024年3月23日于永安

FOREWORD 前　言

　　本教材是基于笔者开设的课程"数字化辅助设计I"的教学内容而编写的。其中，Photoshop软件学习部分是该课程的重要板块。该课程是建筑学专业的选修课，具有较强的专业性和实践性。其目的和任务是通过对Photoshop软件的基本功能进行学习，让学生了解计算机二维图像处理的基本概念和流程，熟练掌握Photoshop软件的基本操作，培养建筑学专业学生的二维基本制图能力，以达到快速、高效、规范的设计要求。经过一年时间的写作，我才得以向诸位奉上此教材。

　　本教材以习近平新时代中国特色社会主义思想为指导，全面贯彻落实党的二十大精神，引导学生在全面学习上下功夫。本教材分为上、下篇。上篇为基础篇，包含第一至第七章。第一章是基础知识，介绍Photoshop的发展历史及应用领域；介绍用户界面及设置工作区；介绍使用辅助工具，认识图像，包含位图、矢量图；最后介绍如何查看图像，包括图像尺寸、分辨率、色彩模式。第二章介绍图像基础操作。第三章是选区与抠图。第四章是绘制，介绍设置颜色、填充与描边、绘画工具的使用、矢量图形及文字运用。第五章是图层。通过这几章的学习，可以使学生掌握一定的工作流程，从而提高工作效率。从第六章开始介绍调色原理，从3个方面展开：认识颜色模式，自动调整颜色和高级调色工具。第七章是修图，介绍图像修饰工具的应用；恢复与还原图像编辑。

　　下篇为高级篇，包含第八至第十二章。第八章介绍蒙版与通道，介绍蒙版的使用，通道的基本知识，通道的基本操作，通道和蒙版、选区的综合使用，图层蒙版。第九章介绍智能对象。第十章介绍滤镜，包括滤镜的含义、滤镜的分类、滤镜的操作。第十一章介绍动画，包括名称描述，操作演示，制作GIF动画，制作模糊动画。第十二章介绍Bridge和Camera RAW。

　　本教材由杨胜担任主编，复责教材的组织、构思、编写、统稿等工作，以及配套教学视频案例的制作。副主编方建平协调教材的编写周期，把握编写进度，并参与了统稿工作。副主编吴宁复责教材框架的搭建，并参与前三章初稿的编写工作。此外，学生龙剑飞也提供了一些图片资料，使教材增色不少。由于编者水平有限，书中难免存在纰漏之处，恳请广大读者批评指正！

杨胜

2024年4月

于昆明理工大学恬园

CONTENTS

目　录

上 基础篇

下 高级篇

上 基础篇

BASIC CHAPTER

1

基础知识

1.1　Photoshop 的发展历史及应用领域

　　Photoshop，简称"PS"，是由美国Adobe 公司出品的图像处理软件。Photoshop主要处理由像素所构成的数字图像。通过其众多的编修与绘图工具，可以有效地进行图片编辑和创造工作。PS 有很多用途，在图像、图形、文字、视频、出版等方面都有涉及。

1.2　用户界面和辅助工具介绍（设置工作区）

　　打开Photoshop软件时，画面会显示最近打开的文件记录。如果不希望出现这些内容，那么可以在预设里面修改。在Photoshop中，标尺、参考线、智能参考线和网格都是辅助工具。它们不能直接编辑图像，但可以帮助选择、定位图像。

1.3　认识图像

　　计算机图像主要有两种，一种是位图（亦称像素图），另一种是矢量图。Photoshop虽是典型的位图处理软件，但它也包含部分矢量图处理功能（如文字、钢笔、图形等工具）。下面将介绍位图和矢量图的概念，为学习图像处理打好基础。

1.3.1　位图

　　位图图像由像素（pixel）组成，每个像素记录一种颜色，不同颜色的像素整齐排列，形成一幅完整的图像。打开一个图像文件，如图 1-1（a）所示，使用缩放工具 🔍 在图像上连续单击（也可连续按快捷键"Ctrl+"），就能看到许多彩色的小方格，这就是像素，如图 1-1（b）所示。

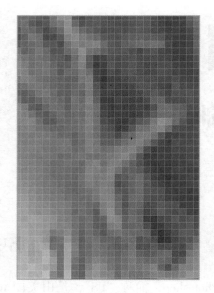

(a)原图	(b)局部放大

图1-1　位图

位的特征在于，其像素的数量和每个像素的颜色是固定的，随着视图的不断放大，图像细节会呈现出方格状而显得模糊。在日常生活中，数码相机、手机拍摄的照片，电脑屏幕的截图，都是位图。位图可以真实记录客观世界中细微的颜色变化，产生逼真的视觉效果，但占用的存储空间比较大。

1.3.2　矢量图

矢量图，也称为面向对象的图像或绘图图像，在数学上定义为一系列由点连接的线。例如，一条呈45°角倾斜的直线段，如图 1-2（a）所示，其图形文件保存的只是两端点的x、y坐标，并通过图形软件在这两点间实时绘制一条直线。正因为是实时绘制，所以当我们不断放大这条直线时，软件每次都会重新把两点间的直线段按照固定的粗细重新绘制一遍，如图 1-2（b）所示，所以无论放大多少它都不会变模糊。

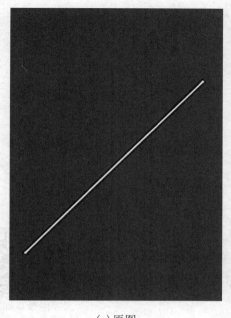

(a)原图   (b)放大10倍

图1-2　**矢量图**

　　基于上述特征，矢量图的优势在于，不随缩放、旋转而影响图的清晰度和光滑性。因此，像LOGO、UI设计等经常需要缩放的图形，对清晰度的要求非常高，通常采用矢量图。

1.4　查看图像（图像尺寸、分辨率、色彩模式）

　　DPI、PPI的区别：DPI（dots per inch）所表示的是每英寸点数，是一个量度单位，用于点阵数码影像，指每英寸长度中，取样、可显示或输出点的数目。DPI是打印机、鼠标等设备分辨率的度量单位，是衡量打印机打印精度的主要参数之一。一般来说，DPI值越高，表明打印机的打印精度越高。PPI（pixels per inch）所表示的是，每英寸对角线上所拥有的像素（pixel）数目。当手机屏幕的PPI达到一定数值时，人眼就分辨不出颗粒感了。

2

图像基础操作

本章配套的理论测评练习题是随机生成的，不同读者获得的练习题的题型相同但是题目内容不一定相同。建议在自主预习本章内容后进行一次理论测评，待对本章内容进行了系统学习后，再做一次理论测评，对比两次测评结果来了解自己的掌握情况。

"图像基础"
理论测评练习

2.1 了解文件

2.1.1 Photoshop 文件的格式

PSD格式：PSD是Photoshop默认的文件格式，这种文件可以保留文档中的所有图层、蒙版、通道、路径、未栅格化的文字、图层样式等。通常情况下，我们都是将文件保存为PSD格式，以后可以对其进行修改。PSD是支持所有Photoshop功能的格式，可以被其他Adode应用程序，如Illustator、InDesign、Premiere等直接导入。

PSB格式：PSB格式是Photoshop的大型文档格式，可支持最高30万像素的超大图像文件。它支持Photoshop所有功能，可以保持图像中的通道、图层样式和滤镜效果不变，但只能在Photoshop中打开。如果要创建一个2GB以上的PSB文件，就可以使用该格式。

BMP格式：BMP是一种图形格式，主要用于保存位图文件。该格式可以保存24位颜色的图像，支持RGB、位图、灰度和索引模式，但不支持Alpha通道。

GIF格式：GIF是基于在网络上传输图像二进制的文件格式，它支持透明背景和动画，被广泛地应用于传输和存储医学图像，如超声波和扫描图像。

EPS格式：EPS是为在PostScript打印机上输出图像而开发的文件格式。几乎所有的图形、图表和页面排版程序都支持该格式。EPS格式可以同时包含矢量图和位图，支持RGB、CMYK、双色调、灰度、索引和Lab模式，但不支持Alpha通道。

JPEG格式：JPEG格式是由联合图像专家组开发的文件格式。它虽具有较好的压缩效果，但会损失掉图像的细节。JPEG格式支持RGB、CMYK和灰度模式，不支持Alpha通道。

PCX格式：PCX格式采用RLE无损压缩方式，支持24位、256色图像，适合保存索引和线画稿模式的图像。该格式支持RGB、索引、灰度和位图模式，以及一个颜色通道。

PDF格式：便携文档格式（PDF）是一种通用的文件格式，支持矢量数据和位图数据，具有电子文档搜索和导航功能，是Adobe Illusteator和Adobe Aeronat的主要格式。PDF格式支持RGB、CMYK、索引、灰度、位图和Lab模式，不支持Alpha通道。

RAW格式：Photoshop Raw (RAW) 是一种灵活的文件格式，支持具有Alpha通道的CMYK、RFB和灰度模式，以及Alpha通道的多通道、Lab、索引和双色调整模式。

PXR格式：Pixar是专为高端图形应用程序（如用于渲染三维图像和动画应用程序）设计的文件格式，支持具有单个Alpha通道的CMYK、RGB和灰度模式图像。

PNG格式：PNG格式是作为GIF的无专利代替产品而开发的，用于无损压缩算法的位图格式。与GIF不同，PNG支持24位图像并产生无锯齿状的透明背景。

SCT格式：SCT格式用于Seitx计算机上的高端图像处理。该格式支持CMYK、RGB和灰度模式，不支持Alpha通道。

TGA格式：TGA格式专用于使用Truevision视频版的系统，它支持一个单独Alpha通道的32位RGB文件，以及无Alpha通道的索引、灰度模式，16位和24位RGB文件。

TIFF格式：TIFF是一种通用文件格式，几乎所有的绘画、图像编辑和排版软件都支持该格式，而且几乎所有的桌面扫描仪都可以产生TIFF图像。该格式支持具有Alpha通道的CMYK、RGB、Lab、索引颜色和灰度图像，以及没有Alpha通道的位图模式图像。Photoshop可以在TIFF文件中存储图层。

便携位图格式：便携位图格式（PBM）支持单色位图（1位/像素），可用于无损数据传输，许多应用程序都支持此格式。

2.1.2 Photoshop 的功能

图像处理和图像设计：用Photoshop进行图像处理和图像设计，主要利用其抠图、修图、调色、合成、特效的功能。掌握了这些功能，常见的图片问题都可以迎刃而解。

界面设计：很多设计师都会选择用Photoshop来设计电脑、手机等设备的界面，然后交由Dreamweaver等软件进行后期制作及功能实现。

绘画：Photoshop是专业的电脑绘画工具之一，很多游戏、电影的原画、插画，图书、杂志的插图都是用Photoshop来制作的。

2.2 新建文件

2.2.1 功能实战：利用预设新建文件

在进行网页、平面、用户界面、建筑效果图等设计时，一般第一步就是按要求新建一个空白文件，然后将各类要素通过复制、置入、拖入等方式添加到该文件中，再进行编辑。

单击"文件—新建"（快捷键"Ctrl+N"），会弹出"新建文档"对话框，如图2-1所示。图2-1中顶部虚线框内是预设区，包含"照片""打印""图稿和插图""Web""移动设备""胶片和视频"六大类。"最近使用项"和"已保存"中有之前使用过和保存过的文档预设，方便用户快速选择。左侧虚线框部分是对应预设下的现成模板，双击其中的模板，可以快速创建一个套用了该模板既定尺寸和分辨率的空白文件。

图2-1 "新建文档"对话框

实战

【实战目标】利用预设模板来创建一个A4大小、分辨率为300像素/英寸的空白文档。

【实战意义】掌握预设的使用方法。

【01】单击"文件—新建"，或按"Ctrl+N"组合键，会弹出如图2-1所示的"新

建文档"对话框。

【02】在图2-2所示的预设区中选择"打印",然后在下方的"空白文档预设"中单击"查看全部预设信息+"按钮,此时会加载更多的预设模板。

【03】在新增的预设模板中,找到A4预设模板,如图2-3所示。

【04】单击选中该模板,然后单击"新建文档"对话框(见图2-1)右下角的"创建"按钮,或者直接双击该A4预设模板,即可完成A4空白文档的创建。

图2-2　选择类别"打印"

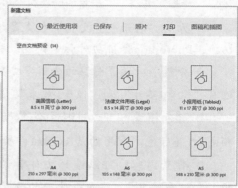

图2-3　选择A4模板

2.2.2　利用自定义方式新建文件

预设模板的数量毕竟有限,而各行各业对文档的要求彼此不同,比如印刷行业要求设计师在创建文档时要把出血(用于印刷后裁切的部分)考虑进去,这时,我们就需要通过自定义的方式新建文档。

单击"文件—新建",或按"Ctrl+N"组合键,会弹出如图2-1所示的"新建文档"对话框。图2-1右侧的虚线框为"预设详细信息"区域,即自定义区域(见图2-4)。

图2-4　"预设详细信息"对话框

在这里，你可以修改包括"文件名称""宽度""高度""方向""分辨率"等参数。如图2-5所示，具体设置说明如下。

◎ **文件名称**：此处可输入文件的名称，也可不输入而使用默认的文件名"未标题-1"。建议使用默认值，并在保存文件时再自定义文件名称。

◎ **宽度/高度**：可输入文件的宽度（水平方向的长度）和高度（垂直方向的长度）。其中，可以选择的单位包括"像素"（默认）"英寸""厘米""毫米""点""派卡"和"列"。一般"像素""厘米""毫米"用得较多。

◎ **方向**：用于设置文档的版式是横版还是竖版。在 这两个按钮之间单击切换，Photoshop会自动对调"宽度"和"高度"输入框中的数值。

◎ **分辨率**：设置图像的分辨率，数值越大，图像越清晰，文件也越大。后面的单位有"像素/英寸"和"像素/厘米"，默认使用"像素/英寸"。

◎ **颜色模式**：可以选择文件的颜色模式，包括位图、灰度、RGB颜色、CMYK颜色和Lab颜色。常用的是RGB颜色和CMYK颜色。

◎ **背景内容**：可以选择文件背景的内容，包括"白色""黑色""背景色""透明"和"自定义"。前四个选项的效果如图2-5所示，选择"自定义"，会弹出"拾色器（新建文档背景颜色）"对话框，用于选择自己喜欢的颜色作为背景色。这里一般选默认即可，即使需要背景色，也可以在文档创建后再调整。

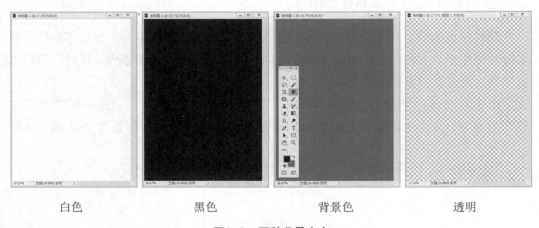

白色　　　　　　　黑色　　　　　　　背景色　　　　　　透明

图2-5　四种背景内容

◎ **画板**：新建画布之后，在左侧工具栏选择画板工具。在画布上绘制出需要的画板大小，这时候画板的四个方向都会出现一个加号。单击某个方向的加号，该方向就会新增一个画板，比如单击右侧加号，在右侧就会增加一个相同的画板。

◎ **保存预设**：如果我们想把当前的设置保存为一个模板，方便以后直接调用，那么可以单击"文件"名称后面的"保存预设"。单击该按钮，会显示"保存文档预设"界面，如图2-6所示。在输入区域输入预设的名称，单击"保存预设"，即可保存该预设。以后新建文档时，在图2-7的线框中选择"已保存"，即可在下方看到之前保存的"我的预设01"，双击它即可创建一个应用了该预设参数的新文档。

图2-6 保存文档预设

◎ **删除预设**：在图2-7的窗口中选择"已保存"，在下方的"已保存空白文档预设"中可以看到之前保存过的所有预设。单击预设右上角的"删除"按钮，即可删除该预设。

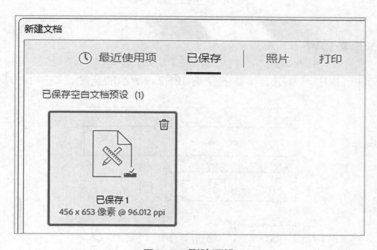

图2-7 删除预设

◎ **高级选项**：单击"高级选项"，可以显示"颜色配置文件"和"像素长宽比"选项。一般情况下选择默认即可。

最后在图2-1所示页面右下角单击"创建"，即可创建一个空白新文件，如图2-8所示。

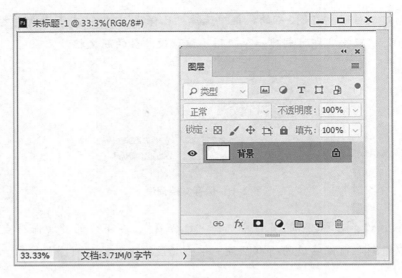

图2-8　空白的新文件

2.2.3　文件参数设置

在新建文件过程中，常用的参数主要是如图2-9所示的宽度、高度、方向和分辨率。

图2-9　常用参数

对以上参数设置的顺序也有一些要求，一般来说正常的顺序是：设置宽/高的单位；设置宽/高尺寸；设置分辨率。之所以要先设置宽/高单位再设置尺寸，是因为如果先设置了宽/高尺寸，再调整单位，那么宽/高尺寸会随之发生变化。

需要注意的是，不同行业对于单位、尺寸和分辨率的要求是不一样的，表2-1详细列举了它们的差别。其中，高清印刷和大型喷绘的颜色模式，理论上应该用CMYK模式，这样可以保持和打印的实际效果高度一致，但是由于CMYK模式不支持应用某些滤镜和特效，因此建议先用RGB制作，待印刷前再转为CMYK模式。

表 2-1　不同应用领域的文档要求

高清印刷	单位	毫米或厘米
	尺寸	实际成品尺寸+出血（3mm/边）
	分辨率	≥300像素/英寸
	颜色模式	先RGB，打印前转CMYK
大型喷绘	单位	毫米或厘米
	尺寸	实际成品尺寸+出血（5cm/边）
	分辨率	72~150像素/英寸，超大型可小于72像素/英寸
	颜色模式	先RGB，打印前转CMYK
网页设计	单位	像素
	尺寸	根据图片在网页中所占的实际像素来确定，一般全画幅的宽度是1920像素，高度可根据需要设置
	分辨率	72像素/英寸
	颜色模式	RGB

案例实战　新建我的第一张海报

【实战目标】结合预设、自定义方式，创建一张带出血的A1海报文档。

【实战意义】掌握预设和自定义新建文件的方法。

【01】单击"文件—新建"，或按"Ctrl+N"组合键，新建一个1000像素的空白文档，如图2-10所示。

图2-10　1000像素的空白文档

【02】打开制作海报的素材，对图片进行变形（可按"Ctrl+T"组合键操作），使

其适应文档大小，如图2-11所示。

图2-11 海报图片制作

【03】新建一个空白文档，在文档中输入想加入海报里的文字，并进行排版，如图2-12所示。

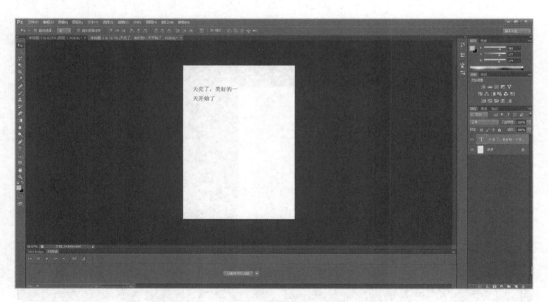

图2-12 海报文字添加

【04】最后按"Ctrl+Shift+Alt+E"组合键，进行"盖印"，这张海报就制作完成了，如图2-13所示。

图2-13　海报制作完成

配套教学视频
1

2.3　打开文件

2.3.1　用"打开"命令打开文件

◎ 打开单个文件：

单击"文件—打开"（快捷键"Ctrl+O"），会弹出"打开"对话框，如图2-14所示。在电脑中任意选择一个图片文件，然后单击"打开"（或者双击该文件），即可打开该文件。

图2-14 "打开"对话框

◎ 打开多个连续文件：

在"打开"对话框中，先选中一个图片文件（如图2-14中的003.jpg文件），然后按住"Shift"键选中另一个图片文件（如图2-14中的005.jpg文件），此时，这两个图片文件以及它们之间的所有连续的图片文件都会被选中，如图2-15（a）所示。最后单击"打开"，即可同时打开这些文件。

打开后的效果如图2-15（b）所示。每个被打开的文件，都是独立的，默认每次只能显示一个文件。每个文件上方都有一个选项卡，显示该文件的"文件名""缩放百分比""颜色模式"信息，如图2-16所示。可以通过单击选项卡［图2-15（b）中条形线框区域］来切换显示多个不同的文件，或者让多个文件按不同的排列方式同时显示。

(a)选择连续文件

(b)打开后的效果

图2-15 打开多个连续文件

004.jpg @ 12.5%(RGB/8) ✕   005.jpg @ 25%(RGB/8) ✕

图2-16　文件的选项卡

◎ **打开多个非连续文件:**

　　如图2-14所示,在"打开"对话框中,按住"Ctrl"键的同时多次单击选中多个图片文件,如图2-17(a)所示,再单击"打开",即可同时打开这些文件,打开后的效果如图2-17(b)所示。

(a)选择非连续文件　　　　　　　　　　　(b)打开后的效果

图2-17　打开多个非连续文件

2.3.2　从"开始"工作区打开文件

　　当Photoshop软件中没有打开的文档时,默认会出现如图2-18所示的"开始"工作区。在工作区的左侧有一个"打开..."按钮(见图2-18),单击即可弹出"打开"对话框。后续操作与2.3.1节相同,此处不赘述。

图2-18　"开始"工作区

2.3.3 打开最近打开过的文件

◎ 从"开始"工作区中打开文件：

打开Photoshop软件，在"开始"工作区中默认会显示20个最近打开过的文件的缩略图（见图2-18），单击缩略图即可打开对应的图片。

如果缩略图呈现暗灰色［如图2-19（a）中第二行第2、第4幅图］，说明该图片在原始目录中未找到，可能被移动、删除或更名。单击该类缩略图会弹出如图 2-19（b）所示的脚本警告。

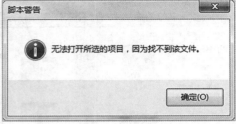

(a)暗灰色缩略图　　　　　　　　　　　　(b)脚本警告

图2-19　找不到文件

◎ 从"最近打开文件"命令打开文件：

单击"文件—最近打开文件"，在弹出的子菜单中，包含最近在Photoshop中打开过的（包括未编辑的）20个文件的名称，选择其中一个，即可直接打开该文件。

如果要清除这个目录，单击该子菜单最下方的"清除最近的文件列表"即可。

2.3.4 功能实战：用拖动方式打开文件

拖动方式是Photoshop中最直接、最方便的一种文件打开方式，哪怕Photoshop软件没有打开，也能使用。下面让我们一起来学习如何通过拖动打开文件。

【实战目标】通过拖动方式打开一个或多个文件。

【实战意义】掌握不同情况下的拖动打开文件的方法。

【01】如果Photoshop软件已经运行了，那么请先单击软件右上角的"关闭"按钮，将其关闭。

【02】在电脑系统中，任意找一个图片文件，在图片上按住鼠标左键不放，并将它拖动到位于电脑桌面的软件图标上 **Ps**，如图2-20所示。释放鼠标左键，此时Photoshop软件会自动启动并打开该文件。也就是在没有打开Photoshop软件的情况

下，将文件拖动到PS软件图标上即可打开它。

图2-20　拖动文件到图标

【03】经过上述操作，Photoshop软件已经被打开。此时，我们单击软件右上角的最小化按钮 ▬ ，将软件最小化。接着，在电脑系统中再找一个图片文件，同样按住鼠标左键将其拖动到电脑桌面的 Ps 软件图标上，此时，软件窗口从最小化状态变为显示状态，同时打开该文件。也就是在打开软件的情况下，用拖动到软件图标的方式也可以打开文件，如图2-21（a）所示。

【04】目前，我们已经打开了两个图片文件。保持Photoshop软件窗口显示，我们在电脑系统中再找一个图片文件，按住鼠标左键将其拖动到Photoshop软件的非绘图区域［非绘图区为图2-21（b）中矩形框以外的区域］。此时释放鼠标左键，即可打开该文件。这说明将文件拖到非绘图区域也可打开图片文件。

配套教学视频 2

（a）拖动到图标　　　　　　　　　　（b）打开后的效果

图2-21　拖动文件到图标及打开效果

经验小提示：在操作图2-22中的情况时，若把文件拖动到绘图区域而非标签栏或选项栏上，文件会被置入现在已经打开的文件中，而非新打开一个文档。

图2-22　拖动到非绘图区

2.3.5　用"打开为"命令打开文件

在Mac OS和Windows之间传递文件时，可能会出现文件格式标错的现象，如果使用与实际文件格式不匹配的扩展名存储文件（如将一个JPGE文件错标为PSD文件），或者文件没有扩展名，那么Photoshop就无法识别文件的正确格式。这样的情况就得用"打开为"命令。

单击"文件—打开为"，会弹出"打开"对话框，找到并选择一个文件（如图2-23所示的"025"文件，其因缺失文件扩展名而无法用正常方式打开），然后在文件名输入框后面的格式下拉列表（如图2-23中的矩形框）中，选择正确的格式，单击"打开"按钮。

图2-23 "打开"对话框

此时，如文件不能打开，则选取的格式可能与文件的实际格式不匹配，或者文件已经损坏。

2.3.6 打开为智能对象

智能对象是一个嵌入到当前文档的文件，它可以保留原始数据，还可以进行非破坏性编辑。当在Photoshop中嵌入智能对象（AI格式）的矢量文件时，可以让Photoshop和Illustrator协同工作，在Illustrator中修改了该文件后，Photoshop下的文件会自动更新。当我们要对打开的文件做变形、变换或者智能滤镜操作，又希望保留原始数据时，可以使用"打开为智能对象"命令。

单击"文件—打开为智能对象"，在弹出的"打开"对话框中选择一个文件，将其打开，如图2-24（a）所示，它会自动将其转换为智能对象，智能对象的图层缩览图右下角有一个图标，如图2-24（b）所示。

(a)选择文件　　　　　　　　　(b)智能对象

图2-24　打开为智能对象

2.3.7　查看、添加版权信息

打开一个文件，单击"文件—文件简介"，会弹出如图2-25（a）所示的对话框。单击对话框左侧的基本、摄像机数据、原点、IPTC、IPTC扩展、GPS数据、音频数据、视频数据、Photoshop、DICOM、原始数据标签，可以查看相应的元数据。

如果想保护图片不被盗用，可以在该对话框中为图片添加版权保护信息。先在左侧选择"基本"，然后在其右侧的"版权状态"下拉列表中选择"受版权保护"，然后在"版权公告"文本框中输入公告内容，如"个人照片，未经许可，不得商用"等，在"授权信息URL"中也可以留下个人网站网址或者个人邮箱，如图2-25（b）所示，这样方便有需要的用户联系到版权方。

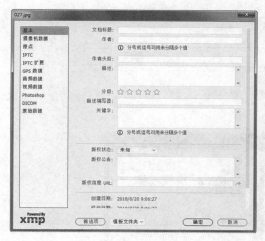 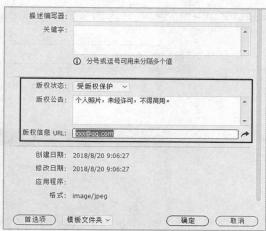

(a)文件简介   (b)版权信息

图2-25　版权信息对话框

2.3.8　功能实战：为图像添加注释

在设计过程中，我们有时需要在图片中添加一些备注信息，以此来提醒自己或者他人，这时可以用注释工具 ▤ 来实现。它位于吸管工具组中（见图2-26），只要用鼠标单击吸管工具 ✐，就可以在弹出的子菜单列表中找到它。

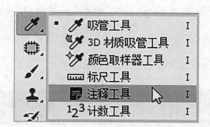

图2-26　吸管工具组

【实战目标】利用快捷键打开文档并做注释。

【实战意义】掌握注释工具的使用方法。

【01】按快捷键"Ctrl+O"，打开素材库中的"图像基础/027.jpg"文件。在工具栏中选择注释工具 ▤。

【02】在工具选项栏的"作者"输入框（见图2-27）中录入信息，单击后面的"颜色"选框，在弹出的"拾色器（注释颜色）"对话框（见图2-28）中选择自己喜欢

的颜色，单击"确定"，关闭拾色器对话框。

作者: my name| 颜色:

图2-27 "作者"输入框

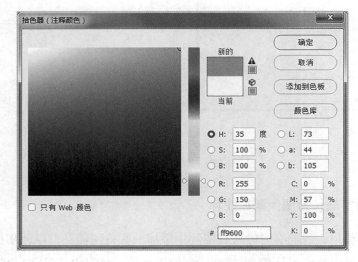

图2-28 "拾色器（注释颜色）"对话框

【03】在画面中需要添加注释的地方单击，会自动出现一个 图标，并弹出 "注释"面板，在面板中输入注释内容，例如可以输入图像的制作流程、后续需要做 的处理、注意事项等，如图2-29所示。

图2-29 输入注释内容

【04】如果要添加多个注释，则可以继续在画面中单击空白处以创建更多

图标，并在注释面板中输入注释内容。之前创建的图标会变成，表示处于非编辑状态。

【05】选择工具栏中的其他工具（例如✛移动工具），切换到其他工具状态，即可结束注释状态。

【06】不管你切换到哪个工具状态，只要将光标放置到画面中的或图标上，拖动就可以移动图标的位置。双击该图标，在弹出的"注释"面板中，可以查看注释内容。

【07】如果创建了多个注释，单击"注释"面板左下角的←向左或➡向右按钮，可以循环显示各注释内容。

【08】如果要删除注释，则可以在画面中的注释图标或上单击鼠标右键，在弹出的快捷菜单中，选择"删除注释"，或者单击"注释"面板右下角的"删除"按钮。

【09】如果要快速删除全部注释，则可以在画面中的注释图标或上单击鼠标右键，在弹出的快捷菜单中，选择"删除所有注释"，或者单击工具选项栏上的"清除全部"按钮。

2.4　置入文件

2.4.1　功能实战：置入文件

"置入"命令可以将照片、图片或任何 Photoshop 支持的文件作为智能对象添加到文档，也可以对智能对象进行缩放、定位、斜切、旋转或变形操作，并且不会降低图像的质量。

实战

【实战目标】学习置入文件的操作方法。
【实战意义】掌握置入文件的便捷方法。
【01】打开或者新建一个文件，如图2-30所示。

图2-30　打开或新建一个文件

【02】选择下列任何一种方式，置入文件。

◎ **方式一：** 执行"文件—置入嵌入对象"命令，在弹出的对话框中，选择要置入的文件，然后单击"置入"按钮，如图2-31所示。

图2-31　置入一个图片文件

◎ **方式二：** 在电脑文件夹中，单击鼠标左键选择某一文件，拖动到Photoshop软件的绘图区（如图2-31所示的矩形线框内）后释放鼠标左键。

【03】如果置入的是PDF或Adobe Illustrator (AI)文件，将显示"置入 PDF"对话框。选择要置入的页面或图片，设置"裁剪"选项，然后单击"确定"。

【04】如果置入的是AI文件，可以尝试在Adobe Illustrator中修改AI文件并保存，此时，Photoshop中置入的矢量图会同步更新。

【05】置入的图片会出现在 Photoshop 图片中央的边框中，四边及对象线会出现矢量界定框，图片会保持其原始长宽比。但是，如果图片比 Photoshop画布大，那么将会被自动调整为合适的尺寸。

配套教学视频

3

2.4.2　对置入文件的调整

【01】可以执行下列任何操作来调整置入图片的位置或变换置入图片。

◎ **调整位置**：将光标放在置入图片的界定框内并拖动，或者在选项栏中（见图2-32）输入X值，指定置入图片的中心点和图片左边缘之间的距离。在选项栏中输入Y值，指定置入图片的中心点和图片的顶边之间的距离，如图2-34（a）所示。

图2-32　X、Y输入框

◎ **缩放**：拖动边框的角手柄，或者在选项栏中输入W和H值，如图2-33所示。拖动时，按"Shift"键可以约束比例，按"Shift+Alt"组合键可以图片中心点为中心约束比例，如图2-34（b）所示。

图2-33　W、H输入框

◎ **旋转**：将光标放在边框外（光标变为弯曲的箭头↰）并拖动，或为选项栏中的"旋转"选项⊿ 0.00　度输入一个值（以度为单位）。图片将围绕置入图片的中心点旋转，如图2-34（c）所示。要调整中心点，请将其拖动到一个新位置，或者单击选项栏中"中心点"图标▦上的手柄。

◎ **斜切**：按"Ctrl"键并拖动外框的手柄，如图2-34（d）所示。

◎ **变形**：执行"编辑—变换—变形"命令，并从选项栏的"变形样式"弹出式菜单中选取一种变形，如图2-34（e）所示。如果从"变形样式"弹出式菜单中选取"自定义"，请拖动控制点、外框或网格的某一段或网格内的某个区域来使图片变形，如图2-34（f）所示。

（a）调整位置　　　　　　　　　　（b）缩放

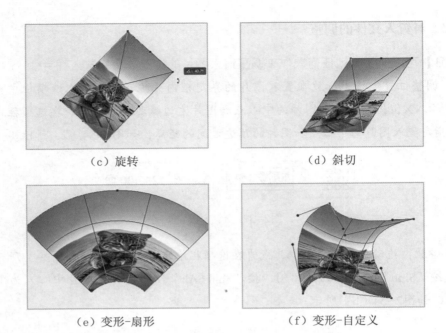

（c）旋转　　　　　　　　　　　（d）斜切

（e）变形-扇形　　　　　　　　　（f）变形-自定义

图2-34　调整置入的对象

【02】单击选项栏中的"提交"或按"Enter"键将置入图片提交给新图层，完成置入。如果要取消置入，则单击选项栏中的"取消"按钮或按"Esc"键。

案例实战　有趣的照片墙

【实战目标】用PS制作有趣的照片墙。

【实战意义】把自己的照片做得有创意一些。

【01】进入PS界面，新建画布，长和宽的比例可根据自己的喜好设置，也可以选用默认值，如图2-35所示。

图2-35　新建画布

【02】单击左上角的文件，下面有自动选项，单击后选择联系表。

【03】选择自己需要制作的图片的文件夹作为照片墙的底，如图2-36所示。

图2-36　照片墙的底

【04】拖入一张照片作为主场景，并且将它的类型改为智能对象，选择正片叠底，如图2-37所示。

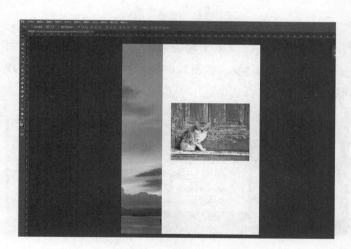

图2-37　照片墙主场景

2.5　切换与排列文件

2.5.1　文件的切换

当我们想同时打开多个文件时，这些文件会以选项卡的形式合并到绘图区域，如图 2-38所示。

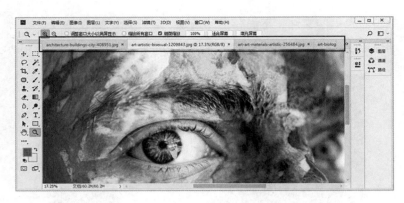

图2-38　合并选项卡

每个文件的上部都有一个显示了"文件名称""缩放比例"和"颜色模式"的选项卡，如图2-39所示，"030.jpg"为文件名称，"12.5%"为缩放比例，"RGB/8"为颜色模式，当前显示文件的选项卡为亮灰色（见图2-39右侧选项卡），其他为暗灰色（见图2-39左侧选项卡）。单击这些选项卡，可以切换显示。

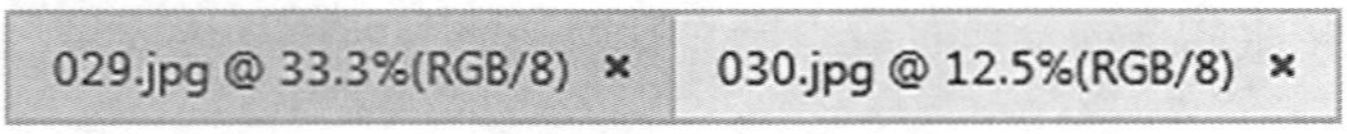

029.jpg @ 33.3%(RGB/8) ×	030.jpg @ 12.5%(RGB/8) ×

图2-39　选项卡

如果一次打开的文件较多，以至于无法完整显示所有的选项卡，那么在选项卡的最右侧会出现一个双箭头按钮 >> ，如图2-40所示。单击该按钮会出现一个当前打开的所有文件的列表，用鼠标选择其中之一，即可快速切换到该文件。

图2-40　通过列表切换文件

2.5.2　文件的排序

如果你对多个选项卡的前后顺序不满意，那么可以选中某个需要调整的选项卡，拖动到另一个选项卡的前面或者后面，即可调整位置。如果把选项卡拖动到非选项卡区域，就可以使该文档在窗口上浮动，如图2-41所示。

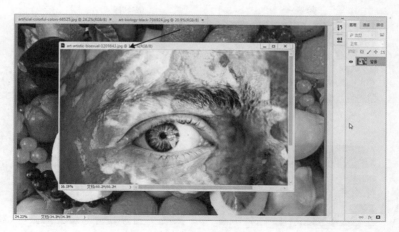

图2-41 单个文档浮动显示

2.5.3 文件窗口的排列

如果我们想同时看到所有打开的文件，或者想改变文件的排列方式，则可以执行"窗口—排列"命令，在弹出的子菜单（见图2-42）中选择自己喜欢的排列方式。各个方式的效果如图2-43所示。

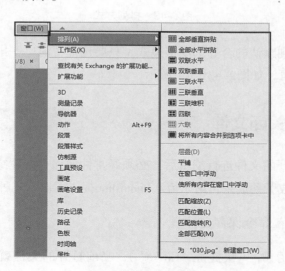

图2-42 排列子菜单

（a）全部垂直拼贴　　　　　　　（b）全部水平拼贴

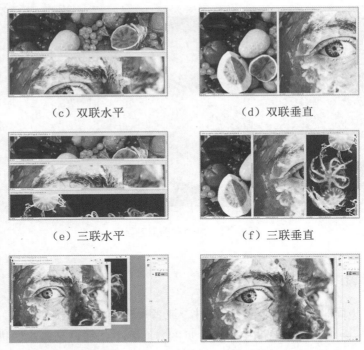

（c）双联水平　　　　　　　　　　（d）双联垂直

（e）三联水平　　　　　　　　　　（f）三联垂直

（g）使所有内容在窗口中浮动　　　（h）将所有内容合并到选项卡中

图2-43　排列方式

　　如果想重新回到默认的合并选项卡模式，只要选择"窗口—排列—将所有内容合并到选项卡中"即可，如图2-43（h）所示。

2.6　保存与关闭文件

　　对新建或者打开的文件进行编辑后，必须经常性地保存处理结果，以免在断电或者死机的情况下造成劳动成果付诸东流。Photoshop提供了以下几种文件保存方式。

2.6.1　用"存储"命令保存文件

　　单击"文件—存储"（快捷键"Ctrl+S"），当前打开的文件就会按照原有格式保存。如果是新建文件，则会执行下面的"存储为"命令。

　　建议大家在使用Photoshop编辑图像时，养成经常按"保存"键的习惯，尽可能避免文件丢失。

2.6.2　功能实战：用"另存为"命令另存文件

　　如果要将文件保存到其他地方或者另存为其他格式，就需要用到"另存为"命令。

实战

【实战目标】掌握图片存储的操作。

【实战意义】能够熟练运用图片存储功能。

【01】按快捷键"Ctrl+O",打开配套素材库中的"图像基础/028.jpg"文件,如图 2-44(a)所示。

【02】选择工具栏中的画笔工具🖌️(快捷键"B"),在画面上按住鼠标左键随意拖动,任意绘制一些内容,如图2-44(b)所示。

(a)原图　　　　　　　　　　　　　(b)任意绘制

图2-44　案例操作

【03】此时,可以看到选项卡的文字右上角出现了一个"*"号,如图2-45所示。"*"用于提示用户当前文件被修改,并且更新没有被保存。

图2-45　选项卡上的"*"号

【04】单击"文件—存储为"(快捷键"Ctrl+Shift+S"),系统会弹出"另存为"对话框,如图2-46所示,在路径输入框中设置好新的存储路径,在"文件名"输入框

中输入新文件名（如"028-2.jpg"），在"保存类型"下拉列表中选择合适的格式（如JPEG格式）。最后，单击"保存"，此时如果有选项对话框弹出，则直接按"确定"即可。

图2-46 "另存为"对话框

【05】Photoshop会自动、连续执行以下步骤：①新建"028-2.jpg"文件；②打开"028-2.jpg"文件；③关闭"028.jpg"文件。因此，绘图区唯一的一个选项卡会由图2-47（a）变成图2-47（b）的状态。

(a)原选项卡　　　　　　　　(b)新选项卡

图2-47 选项卡的变化

【06】打开电脑中保存上述两张图片的文件夹，可以看到，"028-2.jpg"是修改后的样子，但是"028.jpg"仍保持修改前的状态，如图2-48所示，这是因为在执行"文件—另存为"命令前，并没有执行"存储"命令，所以后续的编辑只会保留在另存的新文件中。

图2-48　状态对比

配套教学视频
4

2.6.3　各种文件存储格式

　　Photoshop支持多种文件保存格式，如PSD、PSB、BMP、GIF、JPEG、TIFF、DICOM、EPS、PCX、PDF、RAW、PNG、PIXAR、SCITEX、TGA等，前文已有详细介绍。在此，我们主要介绍JPEG存储格式。

　　◎ JPEG格式：JPEG是目前广泛应用的一种格式，它采用有损压缩方式，具有较好的压缩效果，但同时对细节也会有所损失。JPGE不支持Alpha通道。Photoshop中JPEG格式有三种可选，如图2-49所示，一般选择第一种。

> JPEG (*.JPG;*.JPEG;*.JPE)
> JPEG 2000 (*.JPF;*.JPX;*.JP2;*.J2C;*.J2K;*.JPC)
> JPEG 立体 (*.JPS)

图2-49　可选的JPEG格式

　　经验小提示：针对不同的应用场景，选择相应的格式，例如，需要修改选用PSD，超大图选用PSB，普通小图选用JPEG，需要透明度选用PNG，动图选用GIF。

2.6.4　关闭文件

　　完成图像编辑后，我们可以采用如下几种方式来关闭文件。

　　◎ "关闭"命令：单击"文件—关闭"（快捷键"Ctrl+W"），或者单击文件标签右侧的 ✖ 按钮，如图2-50所示。

图2-50　关闭当前文件

图2-51　关闭所有并退出

◎ **"关闭全部"命令**：如果当前打开了多个文件，那么可以执行"文件—关闭全部"命令来关闭所有文件。

◎ **退出程序**：单击"文件—退出"命令，或者单击软件窗口右上角的 ✖ 按钮，如图2-51所示，可关闭所有文件，并退出Photoshop。

需要注意的是，如果在执行关闭文件命令前文件还没有保存，就会先弹出是否保存的提示对话框，如图2-52所示，单击"是"即可保存。

图2-52　是否保存的提示对话框

2.7　导入、导出文件

2.7.1　导入文件

进入PS主界面，单击左上角菜单栏中的"文件"，会弹出其子菜单；单击子菜单中的"打开"，会弹出"打开文件窗口"对话框；在打开文件窗口中，选择需要导入的文件，单击窗口右下角的"打开"即可导入文件。

2.7.2　导出文件

在PS软件中，打开需要操作的对象；单击文件菜单栏，选择导出选项；在导出界面中，选择导出文件的格式，更改完成后，单击全部导出选项；在弹出的"导出界面"对话框中，选择要保存的文件夹的位置，更改完成后，单击"保存"即可。

2.8 修改图像和画布大小

2.8.1 图像大小

　　修改图像大小是我们经常会遇到的一类操作需求，比如要将一张图像调整为标准的A4大小用于打印，或者要将某图像的长宽调整为特定的比例，抑或我们的证件照文件太大，需要调整到规定的像素大小等。

　　修改图像的大小，包括修改其长宽尺寸、分辨率等，均可在统一的对话框中完成。单击"图像—图像大小"，即可弹出"图像大小"对话框，如图2-53所示，可在对话框中设置所需的参数。

图2-53 "图像大小"对话框

　　◎ 宽度/高度：修改宽度和高度值，可以改变图像的水平方向和垂直方向的尺寸。其后的下拉列表中有"像素""百分比""英寸""厘米"等单位选项。选择"像素"为单位时，将图像的宽度和高度拉伸到当前输入的数值；选择"百分比"为单位时，前面输入框中的数字除以100，即为要缩放的倍数，例如，当我们要把图像放大3.5倍时，只需在宽度和高度输入框中均输入350，单位选为"百分比"即可；如果要把图像缩小为原来的1/2时，则分别在宽度和高度输入框中输入50即可。而当我们想要将图像调整到A3、A4标准的打印尺寸时，单位须设为"厘米"或"毫米"。

　　◎ 约束比例：宽度/高度左侧的 █ "约束比例"按钮，用于控制新的宽/高数值比例与原宽/高数值比例一致。勾选该按钮后，在宽度和高度输入框中，改变其中一个值，则另一个也会根据原比例自动调整。取消勾选该按钮，则宽度和高度可以单独设置。如图2-54（a）所示是一张原图，图2-54（b）是未勾选约束比例，同时宽度缩小至原来的1/2的效果。

(a)原图　　　　　　　　　　　　　　(b)未约束比例

图2-54　对比效果

◎ **分辨率**：它是重要且经常会用到的一个参数，其后的单位包含"像素/英寸"和"像素/厘米"两种，一般默认以"像素/英寸"为单位，并且形成了一定的经验值。

◎ **缩放样式**：单击"图像大小"对话框（见图2-53）右上角的 ✿，会弹出"缩放样式"选项，如图2-55所示。如果文档中的图层添加了图层样式，那么勾选该选项后，可在调整图像的大小时自动缩放样式效果。图2-56是一张包含天空图层和添加了外发光样式的热气球图层的图片。图2-57（a）是未勾选缩放样式并放大5倍的效果，图2-57（b）是已勾选缩放样式的效果。很明显，勾选缩放样式后图层样式的宽度尺寸也会随着图片的缩放而缩放，而未勾选的图层样式仍旧保持原来的外发光尺寸。此外，操作时，还要勾选约束比例选项 🔗 才有效。

图2-55　"缩放样式"选项

(a)原图　　　　　　　　　　　　　(b)图层

图2-56　为原图添加图层样式

<table>
<tr><td>（a）未勾选</td><td>（b）已勾选</td></tr>
</table>

图2-57　对比效果

◎ **改变图像像素选项**：若勾选了该选项，就可以改变图像的实际像素大小，例如，可以将一幅宽度为2000像素的图像调整到4000像素。而若未勾选该选项，则无法修改图像宽度和高度的像素值（宽高输入框后面的下拉列表中的"像素"选项消失）。此时，我们只能选择"厘米""毫米""百分比"等代表实际打印尺寸的单位，并且当我们增大宽度和高度值时，分辨率会自动降低，反之分辨率会自动提高，以此来保证图像的原始像素不变。图2-58为原始图像的文档大小。在不勾选"重新采样"选项的情况下，当我们将宽度像素缩小至原来的1/4时，分辨率会自动变为原来的4倍，如图2-59所示，以此保证图像总像素不变。

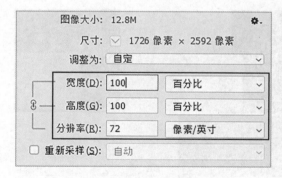

图2-58　原始图像的文档大小

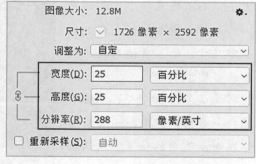

图2-59　分辨率提高后的文档大小

2.8.2　画布大小

画布是指整个文档的工作区域，修改画布大小，实际上是在保持图像分辨率不变、图像内容不变的情况下，调整图像所在画布的宽度和高度尺寸。

单击"图像—画布大小"，可以在弹出的"画布大小"对话框中修改画布的尺寸，如图2-60所示，其参数定义如下。

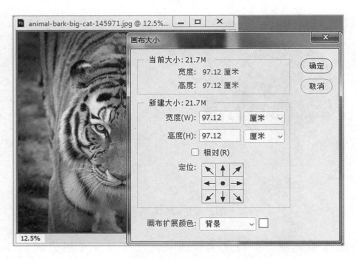

图2-60 "画布大小"对话框

◎ 当前大小：显示当前图像文档在内存中的文档大小（这个数值往往比实际图片要大得多），以及图像的宽度和高度。这里只能显示，无法修改。

◎ 新建大小：这里可以根据需要修改宽度和高度的数值，以及单位。单位可以是百分比、像素、英寸、厘米、毫米等，改变其中一个单位，另一个单位也会跟着改变。输入新尺寸后，该选项的顶部会显示修改画布后的文档大小。

◎ 相对：勾选该选项，表示宽度和高度输入框中的数值仅表示增加或减少区域的大小，而不代表整个文档的大小。此时，输入正值表示加大画布尺寸，输入负值则表示减小画布尺寸。

◎ 定位：单击9个方格中的任一方格，可以指示当前图像在新画布中的位置。默认居中，表示当前图像位于新画布的中心，新画布应以当前图像中心向上、下、左、右（箭头所指方向）四个方向拓展或收缩。单击选择9个方格中的其他方格，表示新画布应向其他箭头所指方向拓展或收缩，如图2-61所示。

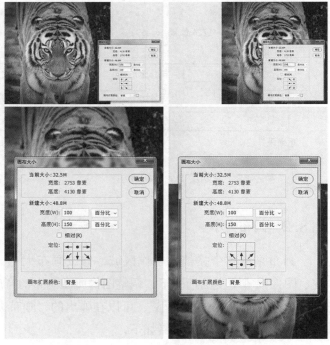

图2-61 不同的定位方向

2.8.3 画布大小和图像大小的区别

画布大小和图像大小的区别在于：前者只修改画布的尺寸而不管图像的画面内容，如果画布扩大了，那么画面四周会增加一些新的画布面积，反之则画面的一部分内容会被裁切掉。图2-62为画布扩大和缩小与原图的对比效果，从中可以看到，画面中的老虎的尺寸始终不变，变的只是用于呈现老虎的画布大小；而后者是改变整个图像画面的尺寸，若图像放大，则整个画面显示就大，反之则整个画面显示就小。图2-63为图像放大和缩小与原图的对比效果，由图可见，画面中的老虎显示效果随着图像的尺寸变化也跟着发生变化。

(a)原图　　　　　　(b)画布扩大　　　　　(c)画布缩小

图2-62　画布大小调整

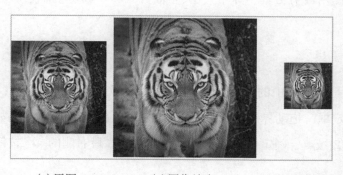

(a)原图　　　　　　(b)图像放大　　　　　(c)图像缩小

图2-63　图像大小调整

2.8.4 显示全部内容

当一个文件中置入了一个较大的图像，或者用裁剪工具 時未勾选工具选项栏中的"删除裁剪的像素"选项，抑或使用移动工具将一个较大的图像拖入一个较小的图像，此时超出画布的部分就不会显示出来，如图2-64（a）所示。

执行"图像—显示全部"命令，Photoshop会自动扩大画布，显示全部图像，如图2-64（b）所示。

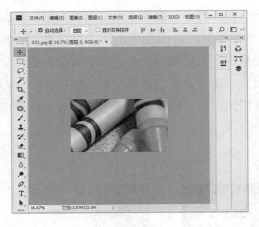

(a)原图   (b)扩大画布后

图2-64 显示全部

2.9 图像裁剪

对于数码照片或者扫描图像，经常需要进行裁剪，以得到更完美的构图效果。在Photoshop中，使用裁剪工具、画布大小、"裁剪"和"裁切"命令都可以达到裁剪图像的效果。

2.9.1 裁剪工具

裁剪工具是工具栏中的 按钮（快捷键"C"）。选择该工具后，画面四周会出现一个矩形界定框。拖动界定框四个角点和四条边的中间控制点，例如，从图2-65的①号点拖动到②号点，确定后按回车键或单击选项栏最右侧的 ✓ 按钮，就可以裁剪画布。

当然，也可以不使用原有的界定框。按快捷键"C"切换到裁剪工具 ，直接用鼠标单击图2-66的①号点并拖动到②号点，确定后按回车键或单击选项栏最右侧的 ✓ 按钮，也可以裁剪画布。

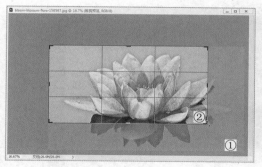

图2-65　拖动界定框控制点来改变画布大小

图2-66　直接绘制新的界定框

裁剪工具的选项栏内有很多设置，如图2-67所示，具体定义如下。

图2-67　裁剪工具的选项栏

◎ **比例/宽度/高度/分辨率**：该下拉列表主要用于控制裁剪的比例和具体尺寸，如图2-68所示。如果选择"比例"，可以在后面的输入框输入图像的宽和高的比例，这样裁剪框就会按此比例显示。如果选择"宽度×高度×分辨率"，则可以在后面的输入框中输入需要的宽、高、分辨率值，此时，裁剪框就会严格按此参数显示，当然，也可以选择图2-68中的其他选项。如果你希望把某些特定的比例保存下来，以便后续应用，那么可以选择"新建裁剪预设…"，而对于不再需要的预设可以通过单击"删除裁剪预设…"按钮来删除。

◎ **清除**：单击"清除" 按钮，可以清空"宽度""高度"和"分辨率"文本框中的数值。在设置了裁剪比例后，如果你不希望裁剪框受到比例的约束，就需要单击该按钮。

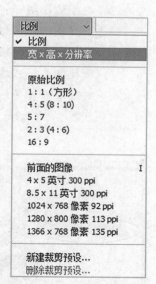

图2-68　比例/宽度/高度/分辨率设置

◎ **删除裁剪的像素**：如果勾选了该选项，就表示删除矩形裁剪框以外的图像；反之，则不删除而是隐藏这些图像。执行"图像—显示全部"命令，可以将隐藏的内容重新显示。另外，使用移动工具✥拖动图像，也可以显示隐藏的内容。

◎ **设置裁剪工具的叠加选项**：在该选项下拉子菜单中，可以选择是否显示叠加，以及选择何种参考线，如图2-69所示。裁剪参考线可以帮助我们进行合理构图，使画面呈现更加艺术、美观的效果，如图2-70所示。

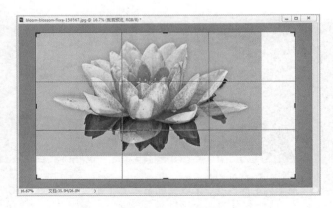

图2-69　设置裁剪工具的叠加选项　　　　　图2-70　把界定框拖到图像外

◎ 拉直：先选中该选项，然后在图像上任意位置单击并拖动，绘制出一条直线，释放鼠标，则图像会以该直线为水平线或垂直线来旋转调整图像。

> 经验小提示：裁剪工具不仅可以把图像裁小，还能把图像裁大。例如，当我们把鼠标放在裁剪工具矩形界定框的四个角点，或者四条边的中点控制点上，拖动至图像边界以外，如从图2-65的①号点拖到②号点，再按回车键或单击选项栏最右侧的 ✔ 按钮，就可以让图像变大。此时，如果有背景图层，那么新增的部分在背景图层上会用背景颜色填充，如图2-71所示。如果没有背景图层，那么就以透明填充，如图2-72所示。

图2-71　有背景图层时用背景色填充　　　　图2-72　无背景图层时用透明填充

> 经验小提示：背景图层总是在图层面板的最下层，而且它的右边会有一个锁定 🔒 标记，因此，背景图层无法实现透明效果。为了使该图层支持透明，需要把背景图层变成普通图层，方法有三种：第一种，对于CC版的Photoshop，可以直接单击背景图层右侧的锁定 🔒 标记；第二种，双击背景图层，在弹出的"新建图层"面板中单击"确定"按钮；第三种，按住"Alt"键并双击背景图层。

如果选择裁剪工具后，再将光标移到图像外，此时的光标变为 ↲，拖动光标即可旋转画布，光标周围有旋转的角度提示，如图2-73所示。当旋转到合适的角度后，按回车键或者单击选项栏最右侧的 ✓ 按钮，即可完成旋转，并按水平内接矩形裁剪图像，如图2-74所示。

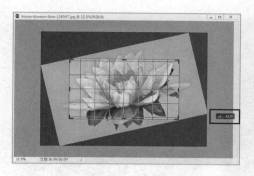

图2-73　旋转画布

图2-74　旋转并裁剪后的效果

经验小提示：在用裁剪工具旋转画布时，按"Shift"键，可以使角度按照15°的整数倍旋转，这样可以精确执行如45°、90°、180°等角度的旋转。

2.9.2　功能实战：透视裁剪工具

单击工具栏中的裁剪工具 ⛶ 按钮，在弹出的下拉式菜单中，可找到透视裁剪工具 ⊞，如图2-75所示。

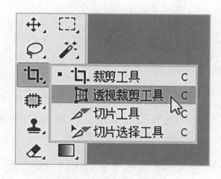

图2-75　透视裁剪工具

透视裁剪工具与裁剪工具的不同之处在于，其可以按照一个因透视而变形的对象的外轮廓来设置裁剪边界，裁剪后会自动拉伸成非变形状态。图2-76（a）为一张画廊室内照片，画面中有两幅画是有透视变形

配套教学视频
5

的。用Photoshop打开此图，选择透视裁剪工具，然后用鼠标按顺时针或逆时针方向依次沿画框四个角点单击，形成一个中间包含透视辅助线的裁剪框，如图2–76（b）所示。按回车键或单击选项栏最右侧的✓按钮，即可完成裁剪。最终效果如图 2–76（c）所示，画面被还原为没有透视的状态。

（a）原图　（b）沿画框轮廓裁剪边界　（c）裁剪后的效果

图2–76　透视裁剪案例

2.9.3　功能实战 :“裁剪”命令

“裁剪”命令与裁剪工具是不同的，前者位于菜单栏的“图像—裁剪”中，后者位于工具栏中。而且，“裁剪”命令是利用选区来裁剪一幅图的。

实战

【实战目标】掌握裁剪工具的使用方法。

【实战意义】能熟练运用裁剪工具裁剪图片。

【01】按快捷键“Ctrl+O”，打开配套素材库中的“图像基础/015.jpg”文件。

【02】选择工具栏中的矩形选择工具，在画面中从①号点到②号点创建一个矩形选区，如图2-77（a）所示。

【03】单击“图像—裁剪”，则选区外的图像将被裁剪，只保留选区内的图像。执行“选择—取消选择”（快捷键“Ctrl+D”）命令，取消选区，效果如图2-77（b）所示。

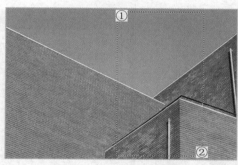

(a)绘制矩形选区   (b)裁剪后的效果

图2-77 "裁剪"命令的使用

【04】连续按三次"Alt+Ctrl+Z"组合键，返回到"图像基础/015.jpg"刚打开时的状态。选择工具栏中的套索工具 ，在画面中创建一个不规则选区，如图2-78所示。

【05】如果再次执行"图像—裁剪"命令，那么Photoshop就会按照这个不规则选区的水平最小外接矩形来对图像进行裁剪。执行"选择—取消选择"（快捷键"Ctrl+D"）命令，可取消选区。剪裁后的最终效果如图2-79所示。

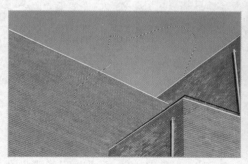

图2-78 创建一个不规则选区   图2-79 裁剪后的效果

2.9.4 功能实战："裁切"命令

"裁切"命令是利用某些特殊位置的颜色或者透明度来裁切图像的。

实战

【实战目标】掌握裁切命令的使用方法。

【实战意义】可以运用裁切命令来修图。

【01】按快捷键"Ctrl+O"，打开配套素材库中的"图像基础/003-2.psd"文件，如图2-80所示，我们可以看到图像的四周是透明的。

图2-80　带透明的原始图像　　　　　　图2-81　"裁切"对话框

【02】执行"图像—裁切"命令，会弹出"裁切"对话框，如图2-81所示。

【03】在"基于"设置组中选中"透明像素"，在"裁切"设置组中勾选"顶、左、右、底"所有选项，单击"确定"按钮，此时，图像四周的透明区域将被裁剪，效果如图2-82所示。

　　　　　　　　　　　　　　　　　（a）原图　　　　　　　　　（b）裁切后

图2-82　裁切后的效果　　　　图2-83　裁切前后对比

　　此外，我们在图2-81中可以看到，"基于"设置组中除了"透明像素"外，还有"左上角像素颜色"和"右下角像素颜色"两个选项，这两个选项的作用是将图像中与左上角或右下角像素相同的颜色区域裁切掉。

【04】关闭"图像基础/015.jpg"文件，打开配套素材库中的"图像基础/005-2.psd"文件，图2-83（a）为一张人物风景照。

【05】执行"图像—裁切"命令，并在弹出对话框的"基于"设置组中选择"左上角像素颜色"或"右下角像素颜色"，单击"确定"按钮后，该图像多余的风景背景即被裁切掉，效果如图2-83（b）所示。

【06】执行"图像—裁切"命令，裁剪纯色背景或者纯色边框，对图2-84（a）的多余边框进行裁剪，单击"确定"按钮后，该图像多余的纯色边框即被裁切掉，效果如图2-84（b）所示。

(a) 裁切前   (b) 裁切后

图2-84　裁切纯色边框

2.10　图像旋转与镜像

2.10.1　图像旋转与翻转

　　"图像旋转"命令可以将文档旋转一定角度，或者作水平、垂直的镜像。

　　单击"图像—图像旋转"，可以看到下面还有许多子命令，如图2-85所示，包括"180度""顺时针90度""逆时针90度""任意角度...""水平翻转画布""垂直翻转画布"。

　　我们可以图2-86（a）为例，执行每个子命令，得到如图2-86（b）~图2-86（f）所示的结果。需要注意的是，在这个案例中，我们每执行完一个子命令，都会按快捷键"Ctrl+Z"退回到原始图的状态，即图2-86（a）的状态，再执行另一个子命令。这样可以保证每个子命令都是基于原图进行的，以方便读者理解每一个子命令的作用。

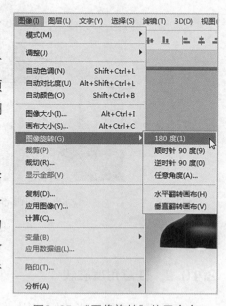

图2-85　"图像旋转"的子命令

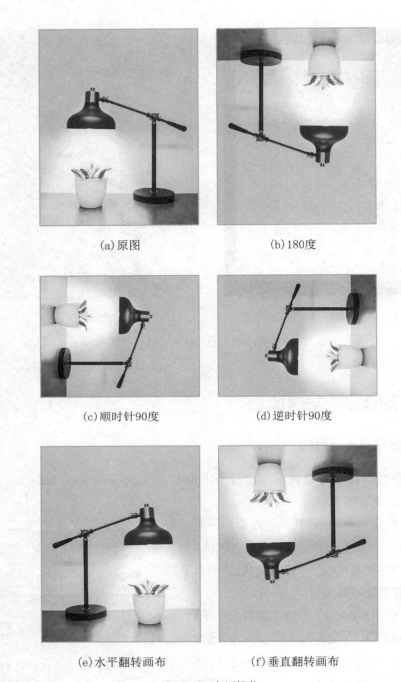

(a) 原图   (b) 180度

(c) 顺时针90度   (d) 逆时针90度

(e) 水平翻转画布   (f) 垂直翻转画布

图2-86 案例操作

2.10.2 任意角度旋转

需要注意的是，当我们使用"任意角度"命令时，如果输入的角度不是90°的倍数，那么Photoshop就会在图像四周用背景色进行填充，以使整幅图像仍旧保持规则的水平矩形状态。如图2-87所示，它是将图2-86（a）执行"任意角度"命令，并在弹出的下拉式菜单中选择沿"逆时针"旋转45°时的效果。

图2-87 逆时针旋转45°的效果

🖱 案例实战 图像的镜像

【实战目标】掌握图像镜像的操作。

【实战意义】运用镜像工具操作图像。

【01】打开PS软件，导入图片，如图2-88所示，按快捷键"Ctrl+J"复制图层。

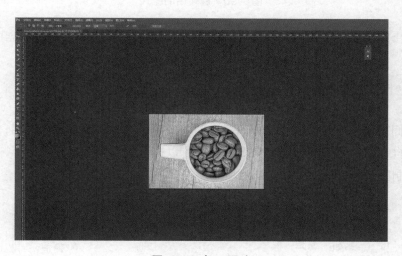

图2-88 打开图片

【02】选中图片，按快捷键"Ctrl+T"进行自由变换，这时，图片的端部会出现小方块，如图2-89所示。

图2-89　选中图片

【03】单击鼠标右键，选择水平或者垂直翻转，可以根据实际情况进行选择，这里以单击水平翻转为例，翻转后如图2-90所示。

图2-90　翻转后的图片

配套教学视频
6

【04】水平翻转完毕，直接移动图像至右侧，可以看到镜像图片操作完成。

2.11　图像复制

当我们需要一份与当前文档一模一样的新文档，同时需要打开该文档，除了执行系统文档自带的"复制—粘贴"命令外，还可以执行"图像—复制"命令，此时，会弹出"复制图像"对话框，如图2-91所示。

图2-91　"复制图像"对话框

在对话框中,"为"后面的输入框可以输入新图像的文件名。如果勾选"仅复制合并的图层"选项,那么新文档将会把复制过来的所有图层进行合并。

2.12 图像的移动

移动工具是最常用的工具之一,不论是在当前文档内部移动图层和选区,还是在两个不同文档之间移动图层和选区,都需要用到移动工具。移动工具的快捷键是"V"。若要从其他工具快速切换到移动工具,那么直接按快捷键"V"即可。

经验小提示:在使用Photoshop的快捷键时,要将输入法切换到英文模式下,因为在中文模式下快捷键可能无法使用,这是许多初学者都容易碰到的问题。

2.12.1 功能实战:移动图层

【实战目标】掌握移动图层的快捷操作。

【实战意义】可以快速操作移动图层。

【01】按快捷键"Ctrl+O",打开配套素材库中的"图像基础/032-2.psd"文件,如图2-92所示。

【02】在"图层"面板中单击"图层1",选中热气球所在的图层。

【03】使用移动工具,在画面中单击并拖动鼠标,将热气球移动到其他位置,如图2-93所示。

图2-92　原图　　　　　　　　　　　　图2-93　移动图层

【04】在"图层"面板中,单击"背景"图层,将背景图层选为当前图层。

【05】使用移动工具,在画面中单击并拖动鼠标,你会发现只能拖出一个黑色的虚线框,并不能移动背景图层的蓝天。可见,移动工具无法移动背景图层。

【06】单击选项卡右侧的关闭×按钮,在弹出的对话框中单击"否",如图2-94所

示，不保存所作的更改。

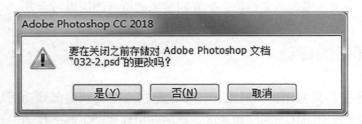

图2-94　保存对话框

2.12.2　功能实战：移动选区内容

【实战目标】掌握移动选区内容的操作。

【实战意义】可以运用移动选区内容来修改图像。

【01】按快捷键"Ctrl+O"，打开配套素材库中的"图像基础/032-2.psd"文件，如图2-92所示。

【02】在"图层"面板中，单击"图层1"，选中热气球所在的图层。

【03】在工具栏中，选择矩形选框工具 ，在热气球左上角按住鼠标左键不放，将鼠标拖动到热气球右侧，创建一个包含热气球上半部分的选区，如图2-95所示。

【04】在工具栏中，选择移动工具 ，此时的光标形状为 ，将光标放在选区范围内，光标会变成 ，表示可以剪切移动。这时，鼠标向左移动一段距离，选区内的热气球就被移动到新的位置，如图2-96所示。

【05】单击选项卡右侧的关闭 × 按钮，在弹出的对话框中单击"否"，不保存所作的更改。

图2-95　原图及选区

图2-96　移动选区内的图像

2.12.3 功能实战：移动文档

实战

【实战目标】掌握移动文档的操作。

【实战意义】可以运用快捷键操作移动文档。

【01】按快捷键"Ctrl+O"，打开配套素材库中的"图像基础/032-2.psd"和"图像基础/011.jpg"文件，单击"032-2.psd"的选项卡，使其作为当前显示文档。

【02】在"图层"面板中，单击"图层1"，使其作为当前图层，如图2-97所示。

【03】在工具栏中，选择移动工具✛，将光标移动到热气球上，按住鼠标左键并拖动至"图像基础/011.jpg"的选项卡上，停留片刻，如图2-98所示，注意，此时鼠标左键仍不能释放。

图2-97 打开图层 　　　　　　图2-98 从画面拖动到选项卡

【04】光标在"图像基础/011.jpg"选项卡上停留片刻后，会自动切换到该文档。继续按住鼠标左键，将鼠标移动到"图像基础/011.jpg"画面的合适位置，并释放鼠标左键，即可将图像拖入该文档，如图2-99所示。此时，"图像基础/032-2.psd"的"图层1"就被复制到"图像基础/011.jpg"中。

图2-99 从选项卡拖到新画面中

2.13 | 图像的变换

2.13.1　功能实战：自由变换—拉伸

【01】打开一张素材库的图片，双击图层以解锁图片。

【02】单击顶部菜单栏中的"编辑"按钮。

【03】在弹出的选项列表中，选择"自由变换—拉伸"。

【04】完成以上步骤后，就可以自由拉伸图片了。

2.13.2　功能实战：自由变换—缩放

【01】打开一张素材库的图片，双击图层以解锁图片。

【02】单击顶部菜单栏中的"编辑"按钮。

【03】在弹出的选项列表中，选择"自由变换—缩放"。

【04】完成以上步骤后，就可以自由缩放图片了。

2.13.3　功能实战：自由变换—旋转

【01】打开一张素材库的图片，双击图层以解锁图片。

【02】单击顶部菜单栏中的"编辑"按钮。

【03】在弹出的选项列表中，选择"自由变换—旋转"。

【04】完成以上步骤后，就可以自由旋转图片了。

2.13.4　功能实战：自由变换—斜切

【01】打开一张素材库的图片，双击图层以解锁图片。

【02】单击顶部菜单栏中的"编辑"按钮。

【03】在弹出的选项列表中，选择"自由变换"—斜切。

【04】完成以上步骤后，就可以自由斜切图片了。

2.13.5　功能实战：自由变换—扭曲

【01】打开一张素材库的图片，双击图层以解锁图片。

【02】单击顶部菜单栏中的"编辑"按钮。

【03】在弹出的选项列表中，选择"自由变换—扭曲"。

【04】完成以上步骤后，就可以自由扭曲图片了。

2.13.6　功能实战：自由变换—透视

图像形状的改变我们称之为变换，包括缩放、旋转、斜切、扭曲、透视、变形、翻转等操作。执行"编辑—变换"命令，在其下拉的子菜单中可以找到这些变换命令，如图2-100所示。

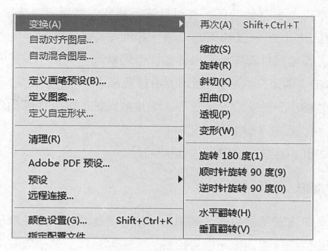

图2-100　变换的子菜单

 经验小提示：你可能会发现"编辑—变换"命令呈灰色，不可用，这多半是因为当前图层为背景图层。你可以用鼠标双击背景图层，在弹出的对话框中单击"确定"，或者按住"Alt"键并双击图层，将其转为普通图层，再执行"编辑—变换"命令，即可使用。

如果想同时实现旋转、缩放、斜切、扭曲、透视等操作，那么可以执行"编辑—自由变换"命令（快捷键"Ctrl+T"）。

◎ **缩放**：可以缩放图片的大小。

◎ **旋转**：可以旋转图片的角度。

◎ **斜切**：可以实现图片的斜切。

◎ **扭曲**：可以扭曲图片的形状。

◎ **透视**：可以改变图片的透视角度。

◎ **变形**：可以任意改变图片的形状。

◎ **旋转180度/旋转90度（顺时针）/旋转90度（逆时针）**：定角度旋转。

◎ **水平翻转**：水平方向旋转图片。

◎ **垂直翻转**：垂直方向旋转图片。

◎ **再次**：可以进行再次操作。

2.13.7　内容识别比例

【01】打开PS软件界面，选择并打开图片。

【02】首先，我们要知道内容识别比例会保护一个区域，那么得先画出一个区域才行。然后，使用选区工具，把需要保护的对象框选起来。

【03】在"选择"里存储选区，并对其进行命名。然后取消选区，再找到菜单栏"编辑"下的内容识别比例，按快捷键"Alt + Shift + Ctrl + C"。

【04】现在，整个图片都变成可以调整比例的状态，单击"保护"，会看到之前命名好的选区，单击"确定"，会对画面比例进行调整。

【05】图片越缩小，外观会严重变形，但是被保护的区域受到的影响就没那么大，这就是内容识别比例起到了保护作用。

【06】按回车键，系统就会进行内容识别。

2.13.8　操控变形

【01】首先，单击菜单栏中的"编辑"按钮，然后单击"操控变形"按钮。

【02】此时，我们可看到画布中会出现一个控制区域，如图2-101所示。

图2-101　操控变形

【03】我们可以在该区域的任意位置单击，新建控制点后，可以单击多次，还能对图形进行扭曲等设置，如图2-102所示。

图2-102　操控扭曲

配套教学视频
7

2.14　撤销操作

几乎每个人在操作Photoshop时，都会出现失误或者对编辑效果不满意的情形，因此，Photoshop还提供了许多帮助用户恢复操作的功能。

2.14.1　还原与重做

执行"编辑—还原"命令（快捷键"Ctrl+Z"），可以撤销对图像的最后一次操作。此时，如果单击"编辑"菜单，就可以看到其下拉式菜单中原来的"还原"变成了"重做"。若执行"重做"命令（快捷键"Ctrl+Z"），则会重做撤销的操作。

注意多次连续按快捷键"Ctrl+Z"，只能对最后一次操作进行"还原"与"重做"。

2.14.2　前进与后退

如果要连续还原多步操作，则可以多次执行"编辑—后退一步"命令（快捷键"Alt+Ctrl+Z"），逐步撤销操作。

如果要连续取消还原，则可以执行"编辑—前进一步"命令（快捷键"Shift+Ctrl+Z"），逐步恢复被撤销的操作。

2.14.3　历史记录面板

Photoshop会将用户的每一步操作都记录在"历史记录"面板中，若软件窗口中找不到该面板，则可以执行"窗口—历史记录"命令，调出该面板。该面板的按钮说明如图 2-103所示。

图2-103　"历史记录"面板

◎ **设置历史记录画笔的源**：使用历史记录画笔时，该图标所在的位置将作为历史画笔的源图像。

◎ **快照缩览图**：被记录为快照的图像状态。

◎ **从当前状态创建新文档**：基于当前操作步骤中图像的状态创建一个新的文件。

◎ **创建新快照**：基于当前的图像状态创建快照。

◎ **删除当前状态**：选择一个操作步骤后，单击该按钮可将该步骤及后面的操作删除。

Photoshop的历史记录中默认保存最新20步的操作，若超过20步的旧操作记录将会被删除且无法还原。如果你希望保存更多步骤，则可执行"编辑—首选项—性能"命令，并在"历史记录与高速缓存"设置组的"历史记录状态"中设置所需的数值，如图2-104所示。

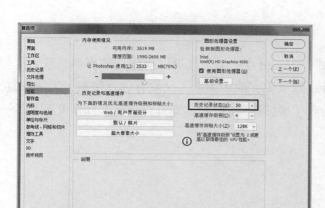

图2-104　"首选项"对话框　　　　　　　　图2-105　新生成的快照层

2.14.4　利用快照还原

"历史记录"面板默认最多只能保存20步操作，而如果我们使用画笔、铅笔等工具，每绘制一笔就会生成一步记录，很快就会超过20步，等操作了多步之后发现效果不好，想后退就不行了。为此，可以单击"历史记录"面板中的"创建新快照"📷 按钮，此时，在面板上方会自动生成一个快照层，如图2-105所示。

此后，不论我们进行了多少步操作，只要单击该快照层，就可立刻恢复到快照所记录的效果。例如，图2-106为经过多次快速选择和清除操作后，得到去除了背景的效果。由于在这些操作之前创建了新快照，所以单击"快照1"，即可立即恢复到快照创建时的状态，如图2-107所示。

图2-106　去背景后的效果　　　　　　　图2-107　利用单击快照层恢复原有效果

经验小提示：在绘制过程中，特别是使用画笔、铅笔、涂抹等工具前，建议养成创建快照的习惯，方便后期恢复操作。

2.14.5 恢复文件

如果已进行了多次操作，按"Alt+Ctrl+Z"组合键返回操作比较麻烦，或者需要后退的步骤数已经超过了Photoshop默认保存的步骤数，又没有创建快照，无法恢复，那么可以执行"文件—恢复"命令（快捷键"F12"），即可直接将文件恢复到最后一次保存时的状态。

3

选区与抠图

我们在用Photoshop处理局部图像时，首先需要选定一个待处理的区域，即创建一个选区。选区的四周会呈现出一条黑白相间、动态变化的闭合线。

如图3-1所示，如果我们要改变图中天空的颜色，需要先用"多边形套索"工具沿着天空的边缘连续单击鼠标，双击闭合，就可创建一个包围天空的选区。然后，执行"图像—调整—色阶"命令，在弹出的"色阶"对话框中，将亮度的滑块向右拉一定的距离，可以发现，天空区域的颜色变亮了，如图3-2所示。若未创建选区，而执行与上面相同的提高亮度的操作，就会把当前选中图层的所有颜色都修改掉，如图3-3所示。

图3-1　原始图像

图3-2　修改天空的颜色

图3-3　未创建选区则修改整个图层

选区的另一个作用是，可以把局部图像从背景中抠出。例如，要将图3-1中的天空从背景中抠出，就可以用"多边形套索"或者其他选区工具，先创建一个包含天空的选区，然后按快捷键"Ctrl+J"，Photoshop会自动创建一个只含选区内容的新图层，如此便可抠出局部图像。

3.1 了解选区

3.1.1 建立选区的目的

选区就是所选区域，这是为了对图片的改变选定一个区域，在这个区域操作图片会发生变化，若超出区域范围图片就不会发生变化。先建立一个选区，然后用填充等工具操作，你会发现变化范围只在选区内。

3.1.2 选区的原理

选区内的像素可以编辑和移动，选区外的像素则是被保护的，不可编辑。选区在图层上表现为蚂蚁线组成的闭合线框。选区建立后，可以对选区内的图像进行复制、剪切、移动、删除、填充、调色、添加滤镜等操作。选区常常应用于将部分图像分离到不同图层上，方便进行图层化的操作。

3.1.3 选区的形态

打开PS软件界面，单击左边工具箱的选框工具（快捷键"M"），可以建立选区。右键单击选框工具，会显示不同形状的选框工具，可以建立矩形、椭圆、单行、单列选区。

3.2 基本选择工具

3.2.1 功能实战：矩形选框工具

工具栏中的矩形选框工具 ⬚（快捷键"M"），用于绘制矩形的选区。其具体用法是：选择矩形选框工具 ⬚，如果在工具栏中找不到，那么可以用鼠标长按选框工具，在弹出的右侧列表中选择矩形选框工具 ⬚（快捷键"M"），如图3-4所示，在图中某一点（如图3-5中的①号点）按下鼠标左键，确定矩形选区的一个顶点；按住鼠标左键不放并向任意方向拖动，此时会在鼠标单击点和鼠标当前点之间实时绘制一个矩形选区；在图像中的另一点释放鼠标左键（如图3-5中的②号点），则矩形选区创建完毕，如图3-5所示。

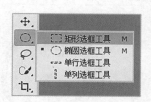

图3-4　从右侧列表中选择矩形选框工具　　　图3-5　矩形选框工具操作步骤

　　此时，创建的矩形选区是任意长宽比的，如果想绘制一个正方形，那么可以在绘制矩形选框的同时，按住"Shift"键。你可以在图3-6中的①号点同时按下"Shift"键，也可以在①号点按下鼠标左键并在拖动的过程中按住"Shift"键，两种情况下在②号点释放鼠标左键，均能创建正方形选区，效果如图3-6所示。

图3-6　绘制正方形选区　图3-7　从中心点出发创建矩形　图3-8　从中心点出发创建正方形

　　上述方式是通过确定矩形选区的两个顶点来创建的，但是很多时候我们希望能从矩形的中心点（即两对角线的交点）向外创建矩形。此时，我们可以选择矩形选框工具 ⬚ （快捷键"M"），然后按住"Alt"键，在图3-7的①号点按下鼠标左键并拖动，在②号点释放鼠标左键，即可以实现从中心点出发创建矩形选区，如图 3-7 所示。

　　如果你希望从中心点出发绘制一个正方形，那么只要先按住"Alt+Shift"键，再在图3-8中的①号点按下鼠标左键并拖动，在②号点释放鼠标左键即可，最终效果如图3-8所示。

3.2.2　功能实战：椭圆选框工具

　　椭圆选框工具 ◯ ，用于创建椭圆形和圆形选区。选择椭圆选框工具 ◯ ，在图像中某处（如图3-9中的①号点）按住鼠标左键并拖动，在另一位置（如图3-9中的②号点）释放鼠标左键，即可创建一个以起始点、释放点为外接矩形的椭圆选区，如图3-9所示。

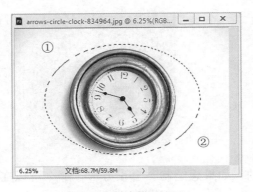 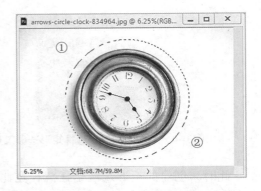

图3-9　创建椭圆选区　　　　　　图3-10　按住"Shift"键创建圆形选区

与矩形选框工具相似，在选择椭圆选框工具 ◯ 的情况下：

先按住"Shift"键，在图3-10中的①号点按住鼠标左键并拖动，在②号点释放鼠标左键，就可以得到一个圆形选区，效果如图3-10所示。

如果按住"Alt"键，在图3-11中的①号点按住鼠标左键并拖动，在②号点释放鼠标左键，就可以以起始点为中心创建一个椭圆形选区，如图3-11所示。

如果同时按住"Alt+Shift"键，在图3-12中的①号点按住鼠标左键并拖动，在②号点释放鼠标左键，就可以以起始点为中心创建一个圆形选区，如图3-12所示。

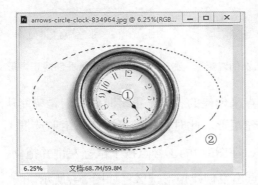 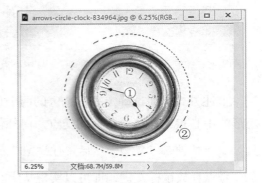

图3-11　按住"Alt"键以起始点为中心　　图3-12　按住"Alt+Shift"键以起始点为
　　　　　创建椭圆形选区　　　　　　　　　　　中心创建圆形选区

3.2.3　功能实战：单行／单列选框工具

单行选框工具 ⬚ ／单列选框工具 ⬚ ，用于创建宽度只有1像素的细长选区。具体使用方法如下：选择单行/单列选框工具，在图像的某处单击鼠标左键，Photoshop会经过鼠标单击点所在的像素创建一个水平/垂直的细长选区，这个选区将贯穿整个图像的宽/高，如图3-13、图3-14所示（①为任意单击点）。

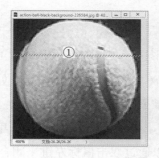

图3-13　创建单行选区　　　　　　图3-14　创建单列选区

经验小提示：选择单行/单列选框工具，在工具选项栏中选择"添加到选区"，如图3-15所示，然后多次单击画面，能够绘制多条单行和单列选框，如图3-16所示。

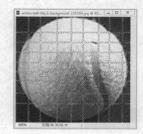

图3-15　选择"添加到选区"模式　　　　图3-16　绘制多条单行/单列选框

3.2.4　功能实战：套索工具

套索工具用于徒手绘制选区，一般用于不规则的、选区边缘精度要求不高的情况。

选择套索工具，在画面中按下鼠标左键并拖动鼠标，Photoshop将在鼠标经过的路径上创建一个选区边界，如图3-17所示。最后释放鼠标左键，选区边界将在按下点和释放点之间用直线闭合，形成一个封闭的选区，如图3-18所示。

图3-17　鼠标左键按下并拖动　　　　图3-18　形成一个封闭选区

3.2.5　功能实战：多边形套索工具

多边形套索工具 ，适合于创建多边形选区。选择多边形套索工具 ，首先在图像中沿着对象的边界多次单击鼠标左键（如图3-19中的①~⑥点处，Photoshop允许在画面范围外定点，最终画面外的选区会被剔除），定义选区范围，如图3-20所示。然后将光标移至起始点，光标会变成 （右下角多了一个小圆圈），单击即可闭合选区。当然，如果光标没有回到起始点，也可以通过双击鼠标左键来闭合选区。

> 经验小提示：在用多边形套索工具单击确定编辑对象边缘点的过程中，如果点的位置不准确，则可按"Delete"键将最后一个点删除；若接连按"Delete"键，则可以从后往前删除多个点；按"Esc"键可以清除所有点。

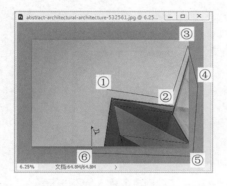

图3-19　定义选区范围

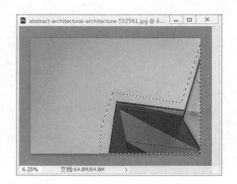

图3-20　选区创建成功

> 经验小提示：在使用多边形套索创建选区时，按住"Shift"键操作，可以锁定水平、垂直或以45°角为增量进行绘制。在操作过程中，按住"Alt"键单击并拖动鼠标，可以将当前工具切换为套索工具 ；放开"Alt"键，又可恢复为多边形套索工具 。

3.3　智能型选择工具

3.3.1　功能实战：魔棒工具

魔棒工具 （快捷键"W"）可以快速选择颜色相似的区域，这大大提高了选区创建的效率。如果在工具栏中没有找到该工具，则可以长按快速选择工具 ，并在弹出的子菜单中选择魔棒工具 ，如图3-21所示。

图3-21　子菜单　　　　　　　　图3-22　选项栏中的容差

选择魔棒工具 ，在工具选项栏中先将"选区运算模式"设为"添加到选区"模式 ，将"容差"设置为30，其他参数用默认值，如图3-22所示。然后在人像的左侧背景上单击鼠标左键，即可选中左侧背景，如图3-23（a）所示。在右侧背景中再次单击鼠标左键，新的选区将与老选区合并，如图3-23（b）所示。

因为该图只有一个背景图层，且背景图层无法设置为透明，所以需要按住"Alt"键，并用鼠标双击图层空白处，将背景图层变成普通图层，如图3-24（a）所示。

在白色背景被选中的情况下，按"Delete"键删除背景，就变成了透明背景。最后，按快捷键"Ctrl+D"取消选区，最终效果如图3-24（b）所示。

（a）选中左侧背景　　　　　　　　（b）选中后侧背景

图3-23　单击选中背景

（a）将背景图层变成普通图层　　　　　（b）最终效果

图3-24　多次单击选中的所有背景

经验小提示：使用魔棒工具 时，如果不使用选项栏中的选区布尔运算按钮，那么可以通过组合键来实现选区创建。例如，按"Shift"键可以增加选区，按"Alt"键可以从当前选区中减去选区，按"Shift+Alt"组合键可以得到与当前选区相交的选区。

3.3.2　功能实战：磁性套索工具

磁性套索工具 与套索工具 相似，也是以手动的形式来绘制复杂、不规则的选区。所不同的是，磁性套索工具会自动检测鼠标经过处周围的像素对比度，找到对比明显的边缘作为选区边界。

选择磁性套索工具 ，先在图3-25中花瓣的边缘处单击鼠标左键，然后将光标沿着花瓣的边缘缓慢移动，Photoshop会在光标经过处放置一定数量的锚点来连接选区，如图3-25所示。如果想在某一特定位置人为地增加一个锚点，那么可以直接单击该图片未选中处，如果锚点的位置不准确，那么可以按一次或多次"Delete"键，由后向前删除一个或多个锚点；按"Esc"键可清除所有锚点。

将光标移动到起始点，光标呈现 的形状（右下角多出一个小圆圈），单击即可封闭选区，如图3-26所示。如果在绘制过程中双击鼠标，则会在起始点和双击点间由一条直线或曲线来封闭选区。

图3-25　光标移动自动放置锚点　　　　　　图3-26　移到起始点单击闭合

经验小提示：在使用磁性套索工具 绘制选区的过程中，按"Alt"键并单击，可以切换为多边形套索工具 ；按"Alt"键单击并拖动鼠标，可以切换为套索工具 。如此，可以在一次绘制过程中，针对不同边缘灵活切换不同的套索工具，从而提高选区创建的效率和精度。

3.3.3 功能实战：快速选择工具

🖱 案例实战 实际操作——抠图天空与抠图地面

【01】打开"图像基础/抠图天空.jpg"，如图3-27所示。

图3-27 作业1：抠图天空

【02】使用魔棒工具，在天空区域形成选区，如图3-28所示。

【03】删除选中区域，填充白色，将文件另存为"建筑.psd"备用，完成对天空的填充，如图3-29所示。

图3-28 作业1：选中天空　　　　图3-29 作业1：填充天空

【04】打开"图像基础/抠图地面.jpg"，如图3-30所示。

图3-30　作业2：抠图地面

【05】使用魔棒工具，在地面区域形成选区，如图3-31所示。

【06】删除选中区域，填充为白色，将文件另存为"地面.psd"备用，完成填充地面，如图3-32所示。

图3-31　作业2：选中地面

图3-32　作业2：填充地面

3.4　高级选择工具

3.4.1　色彩范围

"色彩范围"命令可以根据图像的颜色创建选区，它的优势在于，可以精确地根据颜色选择图像中的连续或不连续选区。

打开一个文件，如图3-33所示，执行"选择—色彩范围"命令，即可弹出"色彩范围"对话框，如图3-34所示。

图3-33　原图　　　　　　　　图3-34　"色彩范围"对话框

如图3-34所示，对话框中有一个选区预览图，下面包含两个选项。勾选"选择范围"时，预览图以黑白灰显示，白色表示被选择，黑色表示未被选择，灰色表示部分被选择（类似半透明的效果）；如果勾选"图像"，则预览图内会显示彩色图像。

如果你想每次单击都能重新选择颜色范围，则可按下右侧的"吸管工具" 按钮；如果要添加颜色，可按"添加到取样" 按钮；如果要减少颜色，可按"从取样中减去" 按钮。

如果勾选了"本地化颜色簇"，则拖动"范围"滑块可以控制要包含在蒙版中的颜色与取样点的最大和最小距离。

颜色容差主要用于控制颜色的选择范围，该值越高，所包含的颜色范围也越广。如图 3-35所示，容差分别为50和150所包含的颜色范围。

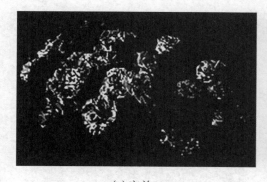
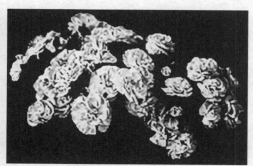

(a)容差50　　　　　　　　　　　　(b)容差150

图3-35　不同容差下的颜色范围

如果想要反相，则可以反转选区，勾选后可使预览图中的黑色和白色互换，反相前后对比效果如图3-36所示。

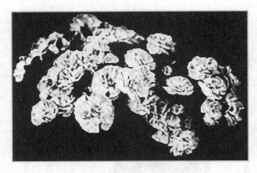

(a)反相前　　　　　　　　　　　　　　(b)反相后

图3-36　反相前后对比效果

　　你也可使用选区预览来设置文档窗口中选区的预览方式。选择"无"，表示不在窗口中显示预览；选择"灰度"，可以按照黑白灰来显示选区；选择"黑色杂边"，可在未选中的区域覆盖一层黑色；选择"白色杂边"，可在未选中的区域覆盖一层白色；选择"快速蒙版"，可显示选区在快速蒙版状态下的效果，即覆盖一层半透明的红色。各种模式的效果如图3-37所示。

(a)灰度　　　　　　　　　　　　　　(b)黑色杂边

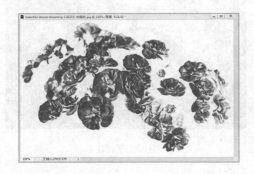

(c)白色杂边　　　　　　　　　　　　(d)快速蒙版

图3-37　选区预览模式

3.4.2 快速蒙版

案例实战 用快速蒙版抠图

【01】打开"图像基础/抠图花朵.jpg",如图3-38所示。

【02】这是一幅花朵的照片,下面将使用快速蒙版选中花朵。

【03】按"D"键,将工具箱中的前景色和背景色设置为系统默认的颜色。

【04】单击工具箱中的快速蒙版编辑按钮,进入快速蒙版状态。利用绘图工具或填充工具快速编辑蒙版,编辑后的蒙版效果如图3-39所示。

图3-38 抠图花朵

图3-39 蒙版花朵

【05】单击工具箱中的快速蒙版工具,可以将快速蒙版区域转换成选择区域,如图3-40所示。

【06】按快捷键"Ctrl+Shift+I",将选区反选,即得到花朵部分,如图3-41所示。

图3-40 由快速蒙版转换成选区效果

图3-41 选择的花朵区域

3.4.3 通道

🖱 **案例实战** 用通道抠图

【01】打开"图像基础/通道抠图.jpg",如图3-42所示。

图3-42 通道抠图

【02】这是一幅风景照片,下面将使用通道选中图中的蓝天,如图3-43所示,按"Ctrl+L"组合键,即可跳出色阶。

图3-43 通道选择

【03】通过色阶滑块调动蓝色通道,然后单击按钮 ▦,即可选中通道区域回到图层,按"Ctrl+Shift+I"组合键,即可选中天空区域,如图3-44所示。

图3-44　选择天空

3.5　选区的基本操作

3.5.1　全选与反选

执行"选择—全部"命令（快捷键"Ctrl+A"），可以选择当前图层的所有图像，如图3-45所示。此时，如果按"Ctrl+C"组合键，即可将当前图层的全部内容复制到系统剪切面板。

利用魔棒工具或者"颜色范围"命令，选中白色背景，如图3-46所示。然后，执行"选择—反选"命令（快捷键"Shift+Ctrl+I"），可以反选，即选中之前未选中的部分，原选中区域会被取消，如图3-47所示。

图3-45　全选

图3-46　选中背景

图3-47　反选　　　　　　　　图3-48　最终效果

　　执行"图像—调整—去色"命令（快捷键"Shift+Ctrl+U"），使人物变成黑白效果。最后按"Ctrl+D"组合键，取消选区，效果如图3-48所示。

3.5.2　取消选择

　　创建选区后，如果要取消，可以执行"选区—取消选择"命令（快捷键"Ctrl+D"），如图3-49所示。

（a）创建选区　　　　　　　　（b）取消选区

图3-49　原始选区

3.5.3　隐藏与显示选区

　　在编辑选区图像时，为了便于查看效果，可通过选择"视图—显示—选区边缘"菜单项，也可按"Ctrl+H"组合键来隐藏或者显示选区，如图3-50所示。

(a)显示选区　　　　　　　　　　(b)隐藏选区

图3-50　原始选区

3.5.4　创建时移动选区

　　使用矩形选框、椭圆选框工具创建选区时，在释放鼠标左键前，按住空格键拖动鼠标，即可移动选区。例如，选择椭圆选框工具，按住"Shift"键，在图3-51的①号点按住鼠标左键并拖动到②号点，此时，会在画面左侧绘制出一个与花近似大小的圆形选区。鼠标左键保持按下状态，再按下空格键，并将光标移动到③号点，此时，圆形选区会从左侧移到右侧，最终效果如图3-52所示。

图3-51　移动前　　　　　　　　　　图3-52　移动后

3.5.5　创建后移动选区

　　创建选区后，如果工具选项栏中的布尔运算模式中"新选区按钮"为按下状态，即 ，则可使用选框、套索、魔棒等工具，只要将光标放在现有选区内（此时光标会变成 ），单击并拖动鼠标即可移动选区。如在图3-53（a）的左下角创建一个矩形选区，先将光标移动到选区内，然后在①号点单击并拖动光标到②号点，此时，释放鼠标即可将矩形选区移动到右上角，如图3-53（b）所示。

如果要轻微移动选区，则可以将光标放在选区内，然后按下键盘中的上、下、左、右键来操作。

(a)移动前　　　　　　　(b)移动后

图3-53　移动选区

3.5.6　功能实战：布尔运算

当我们使用选框工具时，通常一次选择难以得到我们想要的选区，特别是复杂的选区，就需要运用到选区的布尔运算。

选区的布尔运算由选框、套索和魔棒工具选项栏中的 四个按钮控制，它们从左到右分别是"新选区""添加到选区""从选区减去""与选区交叉"（新、加、减、交）。

新选区 ：按下该按钮后，每次新创建的选区都会替换原有选区。如图3-54（a）下面的矩形选区即为原有选区，当我们使用椭圆选框工具在画面上方新建一个椭圆选区之后，如图3-54（b）所示，新建选区就会替换原有选区。

(a)原有选区　　　　　　　(b)新建选区

　　　图3-54　新选区的使用方法

添加到选区 ：按下该按钮后，新建选区会添加到原有选区，即布尔运算中的并集。即使两个选区不在一起也可以形成并集。例如，在图3-54（b）的基础上，我们在选项栏按下"添加到选区"按钮，并使用矩形选框工具 ，在画面下方绘制一个矩形，此时，矩形选区被添加到原椭圆选区，两者合并成一个新选区，如图3-55（a）所示。

从选区减去 ：按下该按钮后，原有选区将减去新建选区，即布尔运算中的差集。这里要求新建选区必须与原有选区相交，否则操作对原有选区不会产生任何变化。例如，我们在图3-55（a）的基础上，先在选项栏中选择"从选区减去"，然后选择魔棒工具，在灰色背景中任选一点单击，此时将在原有选区中减去魔棒工具选中的连续的灰色背景部分，从而得到只包含前景物体的选区，如图3-55（b）所示。

(a)添加到选区

(b)从选区减去

图3-55　加和减

与选区交叉 ：按下该按钮后，将保留新建选区与原有选区相交的部分。需要注意的是，该模式下需要两个选区相交，否则会弹出如图3-56所示的提示，单击"确定"后，新旧选区都会消失。我们在图3-55（b）的基础上，先在选项栏中选择"与选区交叉"，再用多边形套索工具 围绕植物部分绘制一个选区，如图3-57（a）所示。通过回到原点单击或者双击闭合选区后，新建选区与原有选区相交的部分，即包含多肉完整轮廓的选区将得到保留，如图3-57（b）所示。

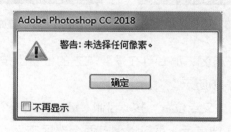

图3-56　警告

(a) 绘制多边形包围植物　　　　　　　(b) 得到相交的选区

图3-57　与选区交叉的使用方法

案例实战　巧用选区的布尔运算

【01】使用工具栏选框工具，在图片上进行操作，如图3-58所示。

【02】增加选区，如果选框工具的圆形或方形无法满足需求，那么可以增加选区。具体操作为：按"Shift"键，进行扩展选区，两个选区会自动融合，从而创建出不同的图形，如图3-59所示。

图3-58　选框选取　　　　　　　　図3-59　增加选区

【03】如果需要减去选区，那么可在需要减去的位置上按住"Alt"键，绘制需要减去的形状即可，如图3-60所示。

【04】选择两个选区交叉点位置，按"Shift"键，先画一个选区，再按"Shift+Alt"组合键，增加选区，操作结束后，就可以保存两个选区交叉点位置的图形，如图3-61

所示。

图3-60 减去选区   图3-61 交叉选区

3.5.7 功能实战：边界

在图3-62（a）中有一个圆形选区，执行"选择—修改—边界"命令，在弹出的"边界选区"对话框（见图3-63）中，输入一个宽度值，例如200像素，单击"确定"，此时，Photoshop会以原选区的边界为中心，向内、外两侧分别扩展100像素，形成一个直径为200像素的封闭环，如图3-62（b）所示。

(a)原选区   (b)新选区

图3-62 边界选区   图3-63 生成边界

3.5.8 功能实战：平滑

有时候，选区边缘比较生硬，不够光滑，如图3-64（a）所示，此时，就可以使用"平滑"命令。执行"选择—修改—平滑"命令，即可弹出"平滑选区"对话框，如图3-65所示。在"取样半径"中输入像素值，比如50像素，单击"确定"，这时原选区会被平滑，如图3-64（b）所示。

(a) 原选区 (b) 平滑后

图3-64 平滑选区　　　　　　　　　　图3-65 "平滑选区"对话框

此外，在"平滑选区"对话框中（见图3-65），若"取样半径"中的数值越大，则平滑程度就越高。如果勾选了"应用画布边界的效果"，则在画布外边的选区也会被平滑，反之则不会对画布外选区进行平滑，并且可直接删除画布外的选区。图3-66为勾选"应用画布边界的效果"前后对比。

(a) 原选区　　　　　　　　(b) 已勾选　　　　　　　　(c) 未勾选

图3-66 应用画布边界的效果前后对比

 经验小提示：选区可以绘制到画布外，如图3-66（a）所示，把画面缩到比绘图区域更小，先使灰色的绘图区背景底色显示出来，然后利用选框工具和套索工具，即可将选区绘制到画布外。这样做的好处是，绘制方便快速，同时保证画布边缘区域也能全部被选中。

3.5.9 功能实战：扩展

在创建选区后，如果想把选区范围向外扩大一圈，那么可以执行"扩展"命令。

例如，用快速选择工具 在花瓣上拖动创建一个包围花朵的选区，如图3-67所示。执行"选择—修改—扩展"命令，在弹出的"扩展选区"对话框中（见图3-68），输入扩展量150像素，单击"确定"。最终的效果如图3-67（b）所示。

（a）原始选区　　　（b）扩展后的选区

图3-67　扩展选区前后的效果对比

图3-68　"扩展选区"对话框

3.5.10　功能实战：收缩

在创建选区后，如果我们想把选区范围向内缩小一圈，那么可以执行"收缩"命令。例如，用快速选择工具 在柠檬的截面拖动创建一个选区，如图3-69（a）所示。执行"选择—修改—收缩"命令，在弹出的"收缩选区"对话框中（见图3-70），输入收缩量100像素，单击"确定"，原选区会向内收缩100像素，最终效果如图3-69（b）所示。

（a）原始选区　　　　　（b）收缩后的选区

图3-69　收缩选区前后的效果对比

图3-70　"收缩选区"对话框

3.5.11　功能实战：羽化

一般我们在创建选区时，其边缘都有一条明显的边界线。但有时候，我们希望选区边缘是渐变、朦胧、模糊的，呈现一种慢慢变淡的效果，这就需要用到"羽化"命令。

例如，使用椭圆选框工具创建一个选区，如图3-71（a）所示。此时，若直接按"Shift+Ctrl+I"组合键反选选区，然后按"Ctrl+Backspace"组合键填充背景白色，得到如图3-71（b）所示的效果，我们可以看到未羽化的选区边界是明晰的。

执行"选择—修改—羽化"命令（快捷键"Shift+F6"），在弹出的"羽化选区"对话框（见图3-72）中，输入"羽化半径"100像素（该数值可以控制羽化范围的大小，数值越大，羽化的范围就越大），先单击"确定"，然后按"Shift+Ctrl+I"组合键反选选区，再按"Ctrl+Backspace"组合键填充背景白色，此时，我们就可以看到羽化后的填充效果，如图3-71（c）所示。

（a）原始选区　　　　　　　（b）未羽化　　　　　　　（c）羽化后

图3-71　羽化前后的效果对比

图3-72　"羽化选区"对话框

3.5.12　功能实战：扩大选取／选取相似

"扩大选取"与"选取相似"都是用来扩大现有选区的命令，它们会根据颜色的容差阈值来决定选区的扩展范围，容差阈值越大，选区扩展的范围就越大。

例如，我们选择模板工具 ✎，在选项栏中，设置模板工具的"容差"值为50，先单击图中的白云，创建一个选区，如图3-73（a）所示，然后执行"选择—扩大选取"命令，Photoshop会基于魔棒工具栏中的"容差"值，查找并选取与当前选区中的像素颜色接近并且相邻的像素，如图3-73（b）所示。

(a)原始选区 　　　　(b)扩大选取后的选区

图3-73　扩大选取　　　　　　　　　　图3-74　选区相似

配套教学视频
10

在图3-73（b）的基础上，先按"Alt+Ctrl+Z"组合键退回到图3-73（a）的状态，然后执行"选择—选取相似"命令，Photoshop同样会基于魔棒工具栏中的"容差"值，查找并选取与当前选区中的像素颜色接近的像素，但是它可以将与原选区不相邻的像素也选中，最后的效果如图3-74所示。

3.5.13　功能实战：变换选区

对于选区，我们也可以对其进行旋转、缩放、扭曲、斜切、透视等操作，这些操作都在"变换选区"命令中。单击"选择—变换选区"按钮，可以在选区上显示一个界定框，如图3-75所示。通过鼠标拖动界定框上的控制点，或者按"Ctrl+Shift+Alt"组合键，即可进行旋转、缩放、扭曲、斜切、透视等操作，如图3-76至图3-80所示。具体操作方法与"编辑—自由变换"相同。

图3-75　选区的界定框　　　　　　　　图3-76　旋转选区

图3-77 缩放选区

图3-78 扭曲选区

图3-79 斜切选区

图3-80 透视选区

经验小提示："变换选区"命令与"自由变换"命令的区别在于，前者只对选区进行操作，不改变图像内容，而后者会对选区（如果有）及选中的图像内容同时应用变换。

3.5.14 存储和载入选区

在实际工作中，有时需要反复使用同一选区，如果每次取消选区后，下次还要重新选取，这是比较麻烦的，也很浪费时间，特别是对于复杂的图像选区，这时就要用到存储选区和载入选区。操作步骤如下。

【01】单击文件菜单中的"打开"按钮，即可打开一幅图像。

【02】用选区工具选出图像范围。

【03】单击选区菜单，存储选区；在对话框中输入名称，单击"确定"，如图3-81所示。

【04】取消选区后再进行其他操作，单击选择菜单，载入选区，单击"确定"，如图3-82所示，又重新调出存储的选区。

图3-81　存储选区

图3-82　载入选区

3.6　细化选区

3.6.1　视图模式

在图像中创建选区后，执行"选择—调整边缘"命令，可以打开"调整边缘"对话框。操作步骤如下。

【01】先在"视图"下拉列表中选择一个视图模式，以便更好地观察选区的调整结果（见图3-83）。

【02】闪烁虚线：可查看具有闪烁边界的标准选区。

【03】叠加：可在快速蒙版状态下查看选区。

【04】黑底：可在黑色背景上查看选区。

【05】白底：可在白色背景上查看选区。

【06】黑白：可预览用于定义选区的通道蒙版。

【07】背景图层：可查看被选区的蒙版图层。

【08】显示图层：可查看整个图层，不显示选区。

【09】显示原稿：可查看原始选区。

以上选项的视图模式如图3-84所示。

图3-83 调整边缘

图3-84 视图模式

3.6.2 调整选区边缘

在"调整边缘"对话框中，可以对选区进行平滑、羽化、扩展等处理。先创建一个矩形选区，然后打开"调整边缘"对话框，选择在"背景图层"模式下预览选区效果，如图3-83所示。操作步骤如下。

【01】平滑：可以减少选区边界的不规则区域，创建平滑的选区轮廓。对于矩形选区，则可使其边角变得圆滑。

【02】羽化：可为选区设置羽化（范围为0~250像素），让选区边缘的图像呈现出透明的效果。

【03】对比度：可以锐化选区边缘并去除模糊的不自然感，对于添加了羽化效果的选区，增加对比度可以减少或消除羽化。

【04】移动边缘：负值收缩选区边界，正值扩展选区边界。

3.6.3 净化颜色和输出

在"调整边缘"对话框中，"输出"选项组用于消除选区边缘的杂色、设定选区的输出方式，如图3-85所示。操作步骤如下。

【01】净化颜色：勾选该项时（见图3-86），拖动"数量"滑块，可以去除图像的彩色杂边。"数量"值越大，净化效果就越好。

【02】输出到：在该选项的下拉列表中可以选择选区的输出方式。

图3-85　调整边缘

图3-86　净化颜色

3.7　选区内容的操作

"复制""剪切""粘贴"是应用程序中经常使用的命令，Photoshop可以对选区内的图像进行复制和粘贴操作。需要注意的是，以下命令只对选区有效，对于图层则无效。

3.7.1　复制

在图像中用各种选区工具创建一个选区以后，例如，使用矩形选框工具 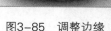（快捷键"M"），在图像中单击并拖动，释放鼠标后得到一个矩形选区，如图3-87所示。单击"复制"（快捷键"Ctrl+C"），可以将选区复制到剪切板，此时，画面中的内容保持不变。复制到剪切板的内容可以粘贴到其他文档，如WPS等，如图3-88所示。

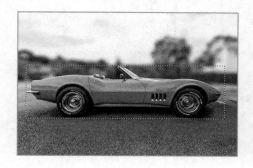

图3-87　创建选区

图3-88　粘贴到WPS文件

3.7.2　合并

"拷贝"命令只能复制当前图层中的内容，如图3-89所示，文档包含狗（周围透明）和海滩两个图层，先选中图层"狗"，再用矩形选框工具创建一个矩形选区，如

图3-90（a）所示，并在WPS软件中按快捷键"Ctrl+V"粘贴，效果如图3-90（b）所示。可见，"拷贝"命令只能复制当前图层中的内容。

如果想同时复制多个图层中的内容，就需要使用"合并拷贝"命令。同样基于图3-90（a），单击"合并拷贝"（快捷键"Shift+Ctrl+C"），然后在WPS软件中按快捷键"Ctrl+V"粘贴，得到如图3-90（c）所示的效果。可见，"合并拷贝"命令能把当前选区范围内所有图层的内容都复制到系统剪切板。

图3-89 原图

(a)创建选区   (b)拷贝   (c)合并拷贝

图3-90 效果对比

3.7.3 剪切

"剪切"命令（快捷键"Ctrl+X"）可以将当前图层的选区内容剪切到剪切板。剪切与复制的区别在于，后者不改变原图，而前者会删除选区内容。

仍以图3-89为例，同样创建如图3-90（a）所示的矩形选框，先在图层面板选择"海滩"为当前图层，然后单击"剪切"（快捷键"Ctrl+X"），此时，选框范围内的海滩消失变成透明，它已被复制到系统剪切板，如图3-91所示。

上述"海滩"图层剪切后之所以会变成透明，是因为它是普通图层。如果被剪切的图层是背景图层，那么将以当前背景色（案例图中为红色）填充选区，如图3-92（b）所示。

　　　　　　　　　　　　　　　　　(a)创建选区　　　　　(b)剪切后的效果

图3-91　剪切　　　　　　　　　　　　图3-92　剪切背景图层

3.7.4　粘贴

复制或者剪切选区后，可以使用"粘贴"命令（快捷键"Ctrl+V"），此时将新建一个图层，并将剪贴板中的内容粘贴到当前文档。

如图3-93所示，我们利用快速选择工具 ，将热气球建立选区。然后，单击"粘贴"（快捷键"Ctrl+V"），可将热气球复制到系统剪切板。接着，在Photoshop中打开另一幅图片。最后，单击"粘贴"，将热气球又粘贴到新文档，如图3-94所示。

图3-93　原始文档　　　　　　　　　　图3-94　粘贴到新文档

3.7.5　选择性粘贴

如果对粘贴的效果有特殊要求，则可以单击"选择性粘贴"，其包含一个下拉式菜单，如图3-95所示。

◎ 原位粘贴：执行该命令，可以将图像按照其原位粘贴到文档。

◎ 贴入：如果在文档中创建了选区，如图3-96所示，执行该命令，可以将图像粘贴到选区内，并自动添加蒙版，将选区之外的图像隐藏，如图3-97所示。

◎ 外部粘贴：如果创建了选区，执行该命令，可粘贴图像，并自动创建蒙版，将选中的图像隐藏，与上面的"贴入"命令效果相反，如图3-98所示。

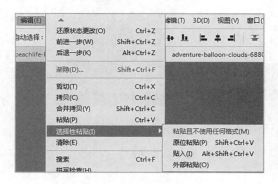
图3-95 "选择性粘贴"菜单

图3-96 原始图像及选区

图3-97 贴入

图3-98 外部粘贴

3.7.6 清除图像

如果想将选区的内容删除，那么可以在创建选区后，使用"清除"命令。例如，我们基于打开的图片，提前将背景色调换为红色或自己喜欢的其他颜色（默认的白色在该图中会使最终的效果不明显，故不选用），用快速选择工具 将热气球选中，单击"清除"，再按"Ctrl+D"键取消选区，最终效果如图3-99所示。之所以选区范围被填充了背景色红色，是因为当前图层为背景图层。如果清除的是普通图层，那么选区将变为透明。

当然，为了方便起见，创建选区后，也可以按"剪切"的快捷键"Ctrl+X"或者按"Delete"键来达到同样的效果。

　　需要注意的是，如果当前图层是背景图层，则按"Delete"键会弹出如图3-100所示的对话框。在"内容"下拉列表中，选择"前景色"或者"背景色"，如图3-101所示，单击"确定"，即可清除选区内的图像并用"前景色"或者"背景色"来填充。

图3-99　执行"清除"后的效果

图3-100　"填充"对话框

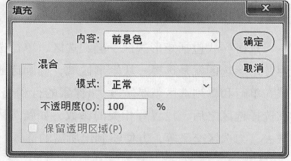

图3-101　"内容"设为"前景色"

3.7.7　内容的移动

　　用PS软件打开图片后，使用矩形选区工具选择部分图像，单击左侧工具栏最上面的"移动工具"按钮，当鼠标放在选区的位置，光标会变成小剪刀的形状，按住鼠标左键移动选中的内容即可。

3.7.8　内容的调色

　　我们用PS软件打开一张需要调色的图片，使用选区工具选出需要调色的内容，按"Ctrl+U"键调整色相/饱和度，最后单击"确定"即可，如图3-102所示。

图3-102　内容的调色

3.7.9　内容的样式

　　选区样式包括矩形选区、椭圆选区、单行选区和单列选区等。具体为：矩形选区就是选择一块矩形区域，椭圆选区就是绘制正圆及椭圆区域。单行和单列选区就是宽度为1像素的行和列区域。利用PS选区工具，在选择选区之后，设置好相关的参数，如新选区、添加到选区、从选区减去、与选区交叉等，方便绘制出所需的选区。

配套教学视频
11

4

绘制

4.1 设置颜色

PS中的颜色设置需要根据实际的应用情况来选择。下面以常见的默认颜色设置为例，介绍具体操作。

【01】在PS的"编辑"下拉式菜单中，可以找到"颜色设置"选项，或者使用快捷键"Shift+Ctrl+K"打开该选项，如图4-1所示。

【02】打开"颜色设置"对话框后，即可根据各自需求对颜色进行设置，如图4-2所示。

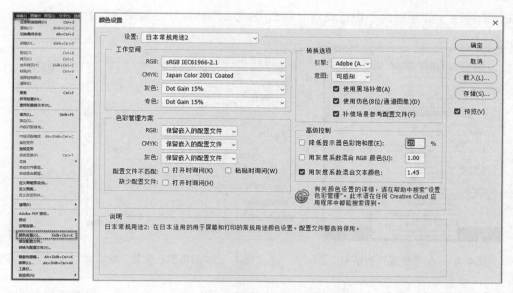

图4-1 颜色设置　　　　　　　　图4-2 "颜色设置"对话框

【03】将"设置"栏选为"自定"，将"RGB"栏选为"Adobe RGB(1998)"，如图4-3所示，之所以选这个格式，是因为其在RGB中的色域是最广的。

图4-3 "颜色设置"对话框

【04】在CMYK菜单下选择"自定CMYK",如图4-4所示,将油墨颜色设为"Toyo Inks（Coated）",如图4-5所示。Toyo Inks（Coated）使用的四色油墨基本接近日本油墨的特性,如果对此不进行设置,那么PS就会默认为是北美油墨特性。

图4-4 "颜色设置"对话框

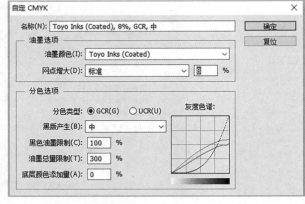

图4-5 "油墨颜色设置"对话框

【05】油墨总量限制,有些默认值是400%,属于一个理论值。油墨总量就是C、M、Y、K油墨总的用量。如图4-5所示,黑色油墨限制的值是100%,那么剩下的油墨总量限制的值就是300%。

【06】将"灰色"栏选为"Gray Gamma 1.8",如图4-6所示,整个"颜色设置"到这步就基本完成了。

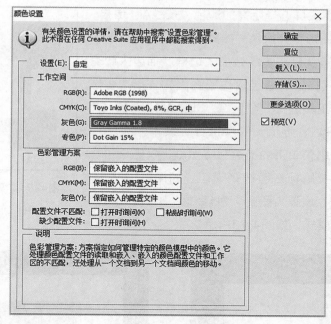

图4-6 "颜色设置"对话框

4.2 填充与描边（含渐变）

用PS填充图案时，打开"新建画布"对话框，创建画布，如图4-7所示。图形绘制操作步骤如下。

【01】运用矩形选框工具 ，绘制一个组合矩形选区，选区是浮动的虚线，绘制完成后的效果如图4-8所示。

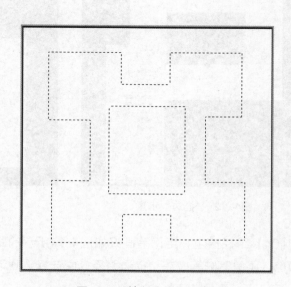

图4-7 "新建画布"对话框 　　　　　图4-8 "绘制图形"示意

【02】用颜色工具选择所需的颜色，按"Alt+退格"组合键，为绘制图形填充颜色，如图4-9所示。

【03】PS描边就是在边缘处加上边框，描边大致有3种，分别是选区描边、路径描边和图层样式描边。选区描边：用选区工具选择一个区域，如图4-10所示，并填充颜色，如图4-11所示，依次执行"菜单—编辑—描边"命令（编辑菜单下的描边在空图层上是无法进行的），或者直接按鼠标右键选择描边，如图4-12所示。在描边对话框中，设置"宽度"为1像素，"颜色"为黑色，居中，正常模式，如图4-13所示。

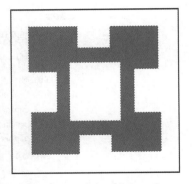

图4-9　"填充图案"示意

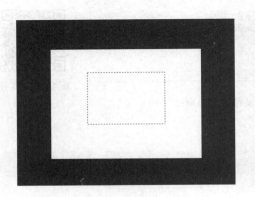

图4-10　"选区"示意

图4-11　"填充"示意

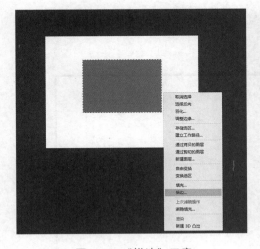

图4-12　"描边"示意

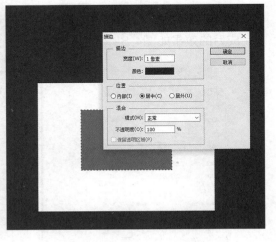

图4-13　"描边"对话框

【04】路径描边：用钢笔画好如图4-14所示的路径后，在工具栏里先选好要描边的颜色、画笔笔触等，在"描边路径"中选择"画笔"，单击"确定"即可。

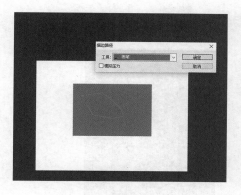
图4-14 "路径"绘制

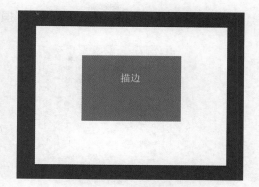
图4-15 "描边"对话框

【05】图层样式描边：在图层样式里，如果图层工作区最下面的图片未解锁，就无法添加图层样式，只有在图片解锁后添加图层样式才有效果，我们以在图片上添加文字样式来做示范，给图层样式描边，如图4-15所示。

【06】单击右侧"描边"图层，选择"混合图层"，然后选中描边选项，在左侧选项可以对描边的各项参数进行设置，设置效果可以在图形中直接体现出来，如图4-16所示。

配套教学视频
13

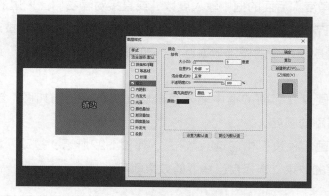
图4-16 "描边设置"对话框

4.3 绘画工具（含画笔面板）

在PS绘画中，当我们用画笔进行绘画时，很多人都只是在属性栏上进行简单的选择，实际上，这可以用右侧的面板进行深入调节后，可得到丰富的笔刷效果。画笔面板使用步骤如下。

【01】首先，打开PS软件，新建空白文档，在左边工具栏中选择"画笔"，在右侧单击"画笔泊坞窗"，如图4-17所示。

【02】弹出画笔设置面板后，在如图4-18所示位置拉动滚动条，可以看到各种笔

刷，只要单击想要的笔刷即可进行下一步操作。

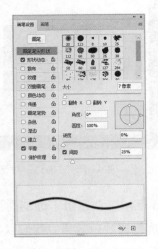
图4-17　画笔面板

图4-18　画笔设置面板

【03】在"大小"下方拉动滑块，可调节笔刷大小。如果想选择一款不规则的笔刷，那么可以勾选"翻转X"或"翻转Y"，也可将笔刷方向翻转。

【04】在"角度"后面的框中输入度数，或直接对着右侧图形里的白色小三角形，按住旋转，可调节旋转角度，如图4-19所示。勾选"间距"，向后拉动滑块，我们会发现一条直线变成一个个的椭圆形或圆形，如图4-20所示。"硬度"就是调整边缘的羽化程度。

【05】在"圆度"后面的框中输入百分比，或直接拉动如图4-21所示的白色小圆，就可调节笔刷的圆度。

【06】在"画笔预设"中勾选"散布"，如图4-22所示，拉动"数量"滑块，就会出现各种不同的效果，选择自己需要的效果即可。

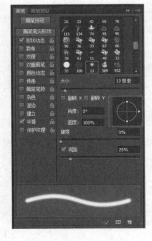
图4-19　画笔角度设置

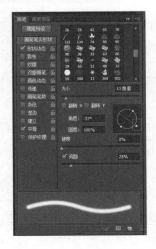
图4-20　画笔间距设置

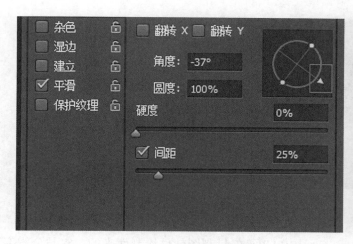 

图4-21 画笔圆度设置   图4-22 画笔散布设置

4.4 矢量图

矢量图，也称为面向对象的图像或绘图图像，在数学上定义为一系列由点连接而成的线。与矢量图有所区别的是位图，位图是由千万个像素组成的。

PS中矢量图由锚点和连接锚点的曲线构成，具有形状、颜色、描边、大小和位置等属性。

矢量图主要应用在制图软件（如 CAD 和 AI）和排版软件（如 Coraldraw）中，当然，PS 中也有比较完善的矢量工具。

这里以一个几何图形来做演示（见图4-23），矢量图是使用直线和曲线来描述图形，这些图形的元素是一些点、线、矩形、多边形、圆等，它们都是通过数学公式计算获得的，所以矢量图文件一般较小。

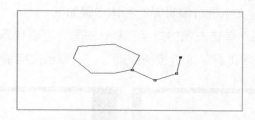

图4-23 钢笔绘制的矢量图

位图是由许多色块组成的，每个色块就是一个像素。每个像素只显示一种颜色，它是构成图像的最小单位。位图适合表现大量的图像细节，可以很好地反映明暗的变化、复杂的场景和颜色。它的特点是，能表现出逼真的图像效果，但是文件比较大，缩放时清晰度会降低，还会出现锯齿（见图4-24）。位图有多种文件格式，常见的有

JPEG、PCX、BMP、PSD、PIC、GIF和TIFF等。

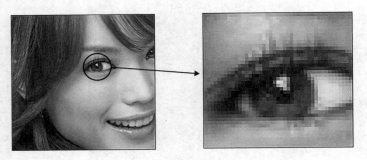

图4-24　位图缩放

　　矢量图是由如Illustrator、CorelDRAW等矢量制图软件绘制而来的。它与分辨率无关，无法通过扫描获得。放大矢量图后，图像依然能保持清晰状态（见图4-25）。

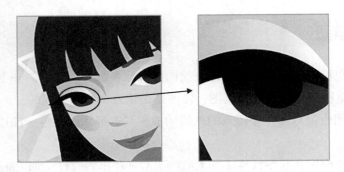

图4-25　矢量图缩放

4.5　文字

　　如何使用PS对已有文字进行编辑呢？具体步骤如下。

【01】新建PS画布，单击左侧的文字工具，书写"新春快乐"（见图4-26）。

【02】再次单击文字工具，或者按快捷键"T"，调出文字编辑（见图4-27）。

图4-26　文字书写

图4-27　文字编辑

【03】单击鼠标选中所要修改的文字，先将"春"字删除，然后输入"年"字（见图4-28）。

图4-28　文字修改

配套教学视频
14

5

图层

5.1 认识图层（类型）

通俗地讲，图层就像含有文字或图形等元素的透明胶片，一张张按顺序叠放在一起，组合起来就形成页面的最终效果。

默认新建的普通图层均为透明的（见图5-1），上方图层中没有像素的部位，可以看到下面的图层，可以进行图像的合成、分离、重新组合、色彩处理、图像绘制以及图像特效的制作等操作。默认情况下，所有的操作只针对当前图层所在的对象，不会影响其他图层的对象。

图层与图层之间存在叠放次序的关系，如在重叠区域存在相互遮挡的现象，则在非重叠区域就不会出现遮挡的现象（见图5-2）。

图5-1　图层示意

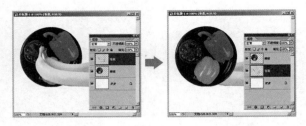

图5-2　图层的叠放次序及其遮挡关系

在PS中，主要有以下几种类型的图层：背景层、普通层、填充层、调整层、蒙版层、文本层、形状层（见图5-3）。

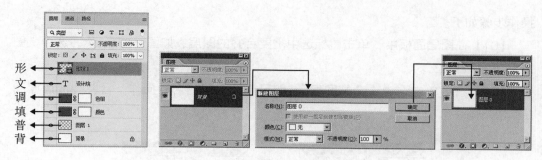

图5-3　图层的类型

5.2 图层的基本操作（新建、复制、合并、删除）

5.2.1 新建图层

新建图层的具体操作方法如下。

【01】执行菜单命令"文件—新建"或者按快捷键"Ctrl＋N"，新建一个画布。

【02】执行菜单命令"图层—新建—背景图层"，新建一个背景图层。

5.2.2 复制图层

复制图层的具体操作方法如下。

【01】在图层面板中，选择需要复制的图层，执行"图层—复制图层"命令。

【02】复制完的图层会加上"副本"字样，可以通过移动操作来更改新图层的位置，也可以通过对话框设置当前图层副本的名称，如图5-4所示。

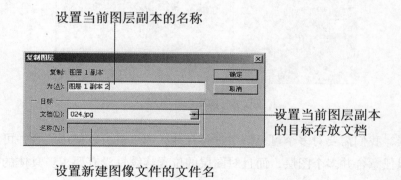

图5-4　复制图层对话框

5.2.3 合并图层

图层的合并是指将2个或2个以上的图层合并为一个图层，常见的合并图层的具体操作步骤如下。

【01】在图层面板中，单击鼠标选中需要合并的图层，如图5-5左所示，选中"图层1"和"图层2"。

【02】右键单击选中"合并图层"，即可完成图层的合并操作，合并完成后如图5-5右所示。

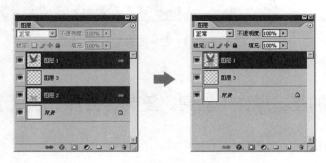

图5-5　合并图层

除了常规的合并图层操作外，还可以单击"向下合并"，将当前图层和它的下一个图层合并为一个图层，适用于需要合并的图层数量较少且位置连续的图层。具体的操作步骤如下。

【01】打开需要合并的图像，选中"图层1"，如图5-6左所示。

【02】单击"向下合并"，图层就会发生合并，如图5-6右所示。

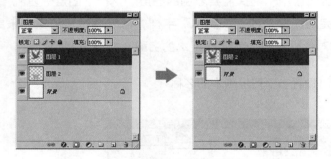

图5-6　向下合并图层

有时候，我们需要对多个可见图层进行合并，那么就可以使用"合并可见图层"，一次性可以任意合并多个图层，而且对图层的位置连续性没有要求。具体的操作步骤如下。

【01】打开需要合并的图像，我们看到"图层1"与"图层2"是可见的，如图5-7左所示。

【02】单击"合并可见图层"，图层就会自动合并，如图5-7右所示。

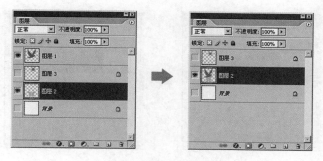

图5-7　合并可见图层

　　除了以上的合并操作外，还有"拼合图像"功能，指将当前图像中的所有图层强行合并为一个图层。如果在拼合时存在一个或多个不可见图层，则会弹出警告对话框，将询问用户是否删除所有的不可见图层。具体的操作步骤如下。

　　【01】打开需要合并的图像，我们看到"图层1""图层2""背景"图层是可见的，"图层3"是隐藏的，如图5-8左所示。

　　【02】单击"拼合图像"，在弹出的"要扔掉隐藏的图层吗"对话框中，单击"确定"，即可得到如图5-8右所示的效果。

图5-8　拼合图像

5.2.4　删除图层

　　删除图层的具体操作步骤如下。

　　【01】选择需要删除的图层，直接拖动到图层面板底部的"删除"按钮，如图5-9所示。

　　【02】执行"图层—删除"命令，在弹出的"是否删除"对话框中，选择"是"，即可删除图层。

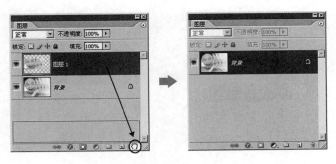

图5-9 删除单个图层的应用示例

5.3 混合模式

图层混合模式是指一个图层与其下图层的色彩叠加方式。混合模式得到的结果与图层的明暗色彩有直接的关系，因此，进行混合模式的选择，必须根据图层的自身特点灵活运用。混合图层的操作步骤如下。

【01】在图层面板左上侧（见图5-10），单击"正常"横条右侧的箭头。

【02】在弹出的下拉式菜单中，可以选择各种不同的混合模式。

图5-10 背景图层

5.4 图层样式

图层样式是指图形图像处理软件中的一项图层处理功能，是后期制作图片以达到预期效果的重要手段之一。图层样式的功能强大，能够简单快捷地制作出各种立体投影、质感以及光影效果的图像特效。与不用图层样式的传统操作方法相比，图层样式具有速度快、效果精确，可编辑性强等优势。

5.5 调整图层

对于一个分层的图像，可以通过设置图层的相关选项来调整图层。

5.5.1 功能实战：如何将背景图层转化为普通图层

有时候，我们需要对背景图层进行编辑，如将背景图层转化为普通图层，那么应如何操作呢？具体的操作步骤如下。

【01】创建背景图层：用"图层"面板下方的"新建"命令，创建一个普通背景图层，如图5-11所示。

图5-11　新建背景图层

【02】创建普通图层：先按快捷键"Ctrl+C"，然后按快捷键"Ctrl+V"，复制出图层1，如图5-12所示，即可将背景图层转化为普通图层。

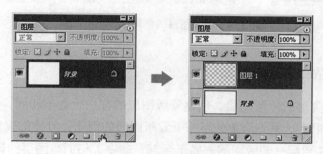

图5-12　手工创建普通图层示例

另外，也可通过粘贴的方法创建普通图层：利用选区工具选中背景图层中的内容，如图5-13左所示。先按快捷键"Ctrl+X"，后按"Ctrl+V"组合键，粘贴剪切板中的内容，这样一来，新的普通图层即可创建完成，如图5-13右所示。

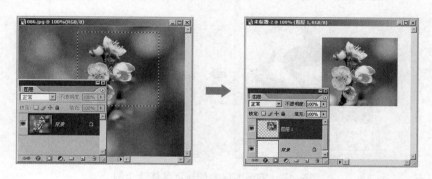

图5-13　通过粘贴剪切板中的内容来创建普通图层

5.5.2　功能实战：新建调整图层

新建调整图层最大的优点是能对图像进行多种色彩处理的同时丝毫不改变图像的原始信息，而且用户可以根据需要随时调整色彩处理命令的参数。单击图层面板上相应的按钮，即可创建新的调整图层。具体的操作步骤如下。

【01】执行"图层—新建调整图层"命令，调出选项栏，会出现"亮度、色阶、曲线"等选项。

【02】执行"图层—新建调整图层—色阶"命令，调整图像的色阶，如图5-14所示。

图5-14 调整图层的创建及其应用示例

5.5.3 功能实战：新建蒙版图层

PS里有多种类型的蒙版图层，创建蒙版图层的方法也各不相同，我们会在后面专门讲解蒙版的知识。这里先简单介绍一下蒙版图层的创建，具体的操作步骤如下。

【01】执行"图层—蒙版图层—显示全部"命令，将原有图层的选区加上了蒙版，如图5-15左所示。

【02】取消原有操作，更改选区范围，再执行"图层—蒙版图层—显示全部"命令，会发现原有的图层选区蒙版范围发生了改变，如图5-15右所示。

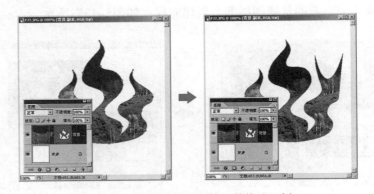

图5-15 蒙版图层的创建及其修改示例

5.5.4 功能实战：新建文字图层

文字对提升效果图的意境、丰富效果图的内容所起的作用是不容忽视的。所以，这里简单介绍如何使用"横排文字"和"直排文字"工具创建文字图层。具体的操作步骤如下。

【01】用"图层"面板下方的"新建"命令，创建一个普通背景图层。

【02】单击左边工具栏中的文字工具，选择"横排文字"或"直排文字"工具，输入汉字"家"，这时会自动生成一个文字图层，如图5-16所示。

5.5.5 功能实战：新建形状图层

图5-16 文本图层的创建示例

使用"钢笔""自由钢笔""矩形""圆角矩形""椭圆""多边形""直线"或"自定形状"工具，可以绘制图形，并在图层菜单栏中单击"形状"按钮来新建形状图层。具体的操作步骤如下。

【01】用"图层"面板下方的"新建"命令，创建一个普通背景图层。

【02】单击左边工具栏中的图形工具，绘制如图5-17所示的雪花图形，单击图层菜单栏"形状"按钮，这时会自动生成一个形状图层"形状1"，如图5-17所示，继续使用图形工具绘制一把伞，单击图层菜单栏"形状"按钮，这时会继续生成一个形状图层"形状2"。

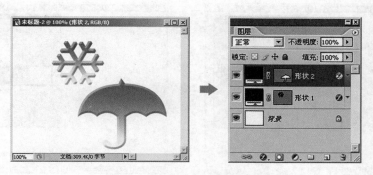

图5-17 形状图层的创建示例

5.5.6 功能实战：图层面板的调出及隐藏

图层就如堆叠在一起的透明纸，可以透过图层的透明区域看到下面的图层。当然，有时为了操作便捷，我们会对图层面板进行调出或者隐藏。具体的操作步骤如下。

【01】执行"窗口—图层"命令，或按快捷键"F7"快速打开图层面板，如图5-18所示。

【02】单击如图5-18所示的"C"按钮，"设置图层的可见性"，该图层即可被隐藏。当再次单击该按钮，隐藏的图层又可以显现。当图层缩略图左边的"眼睛"图标开启，表示图像能在画布中显示；图层缩略图左边"眼睛"图标关闭，表示图像无法

在画布中显示，如图5-19所示。

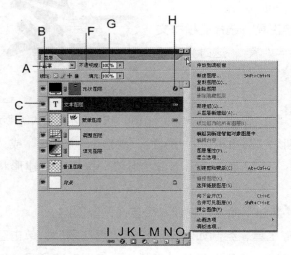

A：设置图层的混合模式
B：设置图层的锁定属性
C：设置图层的可见性
D：设置图层的链接属性
E：图层的缩览图
F：设置图层的不透明度属性
G：设置图层的填充属性
H：图层的锁定标志
I：链接图层
J：添加图层样式
K：添加图层蒙版
L：创建新的填充或调整图层
M：创建新组
N：创建新图层
O：删除图层

图5-18　图层面板

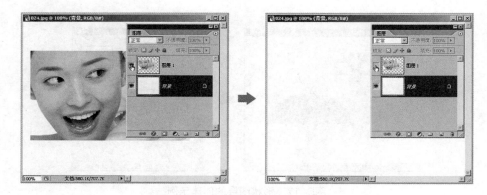

图5-19　图层的显示和隐藏示例

5.5.7　功能实战：重命名图层

当我们新建图层或者复制图层后，需要对新的图层进行命名，以方便管理图层。重命名的方法有以下两种，具体的操作步骤如下。

【01】在目标图层的名称位置双击鼠标左键，当目标图层的名称变为可修改状态时，输入新的名称，如图5-20所示。

【02】在"图层"面板中，选中目标图层后，执行"图层—图层属性"命令，并在打开的"图层属性"对话框中重命名图层，如图5-21所示。

图5-20　重命名图层的应用示例

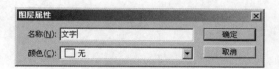

图5-21　在图层属性对话框中重命名图层

5.5.8　功能实战：链接图层

链接图层是指在不合并图层的前提下将图像中其他的图层与当前图层关联起来，建立链接图层，可以对链接图层上的对象进行缩放、自由变换和移动等操作。具体的操作步骤如下。

【01】打开一张分层的图像文件，在图层面板中选中某层作为当前层，按"Ctrl"键，单击需要链接的图层，当图层变成蓝色反白显示时，单击鼠标右键，在弹出的右键菜单中，选择"链接图层"按钮，此时，两个图层连接在一起，如图5-22所示。

【02】可以对连接在一起的图层进行整体移动、缩放、旋转等操作。

图5-22　图层连接关系的建立示例

5.5.9　功能实战：调整图层的叠放次序

在图层面板中，调整图层叠放次序的方法是将目标图层拖动至目的位置。具体的操作步骤如下。

【01】打开一张分层的图像，在图层面板选中"图层2"，如图5-23左所示。

【02】执行"图层—排列"命令，或者将"图层2"拖到"图层3"下面，如图5-23右所示。

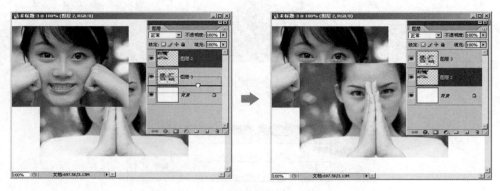

图5-23　调整图层叠放次序的应用示例

5.5.10　功能实战：调整图层的不透明度和填充属性

在图层面板中，有一个"不透明度"滑块，我们可以通过图层的不透明度属性来设置图层所在对象的总体透明程度，如图5-24所示。图层的"填充"属性是用来设置图层所在对象特殊效果的透明程度。具体的操作步骤如下。

【01】打开一张分层的图像，在图层面板中选中"图层7"，如图5-24左所示，拉动"不透明度"下面的滑块，将不透明度从51%调整至100%，如图5-24右所示。

【02】拉动"填充"下面的滑块，将"填充"值设置成53%，如图5-25所示。

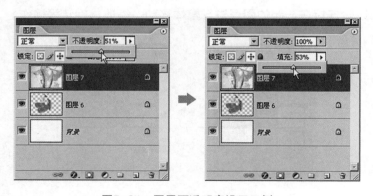

图5-24　图层不透明度设置示例

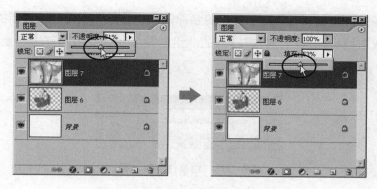

图5-25　图层填充属性的设置示例

5.5.11　功能实战：组和图层组的管理

首先，了解一下组的概念。组是多个图层的组合，方便统一管理图层，可以在组上直接应用图层样式等效果。具体创建组的步骤如下。

【01】在电脑中打开PS软件，使用"Ctrl+O"组合键，导入需要的图片素材。

【02】在软件中使用"Ctrl+Shift+N"组合键，创建一个新的图层，用于解锁背景。

【03】单击顶部工具栏中的"图层—新建—从图层建立组"，先在弹出的窗口中对创建的组进行命名，然后单击"确定"，即可完成创建组。

【04】单击工具栏中的"文件—存储为"，进入存储窗口，将制作好的图片存储为自己想要的格式即可。

什么是图层组？为了便于管理和查找图层，我们可把相似或联系紧密的图层归在一起，成为一组，即为图层组。一个画布里可以建立一个或多个组，也可以不用建立任何组，组里还可以嵌套子组，对组的操作往往会影响组里层的操作。两种创建图层组的操作步骤如下。

【01】单击图层面板下方的"新建组"按钮，即可直接创建图层组。

【02】执行"图层—新建—组"命令，弹出如图5-26所示的对话框，命名后即可创建新的图层组。

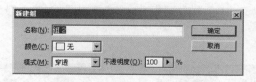

图5-26　"新建组"对话框

当创建完组后，我们需要进行管理，组的管理主要包括以下几点：组的重命名、组的展开和折叠、组的移动、组的复制、组的删除和组的属性设置。组的重命名具体的操作步骤如下。

【01】组的重命名：在目标图层组的名称位置双击鼠标左键并输入新的名称。

【02】双击目标图层组，并在打开的"组属性"对话框中对其进行重命名，如图5-27所示。

图5-27　"组属性"对话框

组的展开和折叠的操作步骤如下。

【01】在图层面板中创建图层组后，将其展开，只要单击图层组的小三角形图标，创建的图层即可在当前图层组中展开，如图5-28所示。

【02】组的折叠只要再次单击小三角形图标，即可将图层组折叠起来。

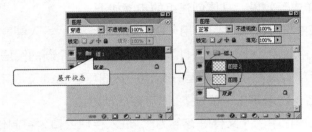

图5-28　在图层组中创建图层示例

如果需要对组内所有图层的位置进行移动，这时就需要使用组的移动，组的移动操作步骤如下。

单击需要移动的组，选中后，按住鼠标直接拖动，将需要移动的组拖到相应的位置即可。

如果需要对组内所有的图层进行复制，这时就需要使用组的复制，组的复制操作步骤如下。

【01】单击需要复制的组，在弹出的下拉式菜单栏中，选择"复制组"。

【02】在弹出的"复制组"对话框中，对组进行命名，最后单击"确定"即可，如图5-29所示。

图5-29　复制组的应用示例

有时需要删除多余的组，其具体操作步骤如下。

【01】将目标图层组拖动到图层面板下方的"删除图层"按钮上。

【02】或者执行"图层—删除—组"命令，弹出对话框，如图5-30所示，如果选择"组和内容"，那么，当前组及组内的全部图层将一并删除。如果选择"仅组"，那么只能删除当前图层组。

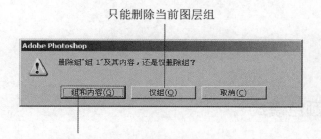

图5-30　删除图层组的确认对话框

图层组的属性设置具体操作步骤如下。

【01】锁定全部，单击图层属性面板中的 🔒 按钮，对图层组进行完全锁定后，图层组内的所有图层均将被完全锁定。

【02】不透明度，单击图层属性面板中的 不透明度: 100% ▾ 按钮，拉动滑块，可以设置不透明度，该效果将影响整个图层组中的所有图层。

【03】混合模式的设置会影响整个图层组中的所有图层，可以在图层模式中选择"穿透""正常""溶解"等混合选项。

【04】组的嵌套，在图层组中，嵌套创建图层组的方法与在图层组中创建图层的方法一致，即创建图层组后将其展开，之后创建的图层组即可嵌套在上一级图层组中。

【05】组内图层位置的移动只需直接拖动即可。如果将图层组以外的图层移至图层组中，则需要单击选中目标图层，然后将目标图层拖动到目标图层组，并释放鼠标。

配套教学视频
15

6

调色

6.1　认识颜色模式

　　颜色模式，是将某种颜色表现为数字形式的模型，或者说是一种记录图像颜色的方式，颜色模式有RGB模式、CMYK模式、HSB模式、Lab模式、位图模式、灰度模式、索引模式、双色调模式和多通道模式。

6.2　自动调整颜色

　　■ 颜色工具

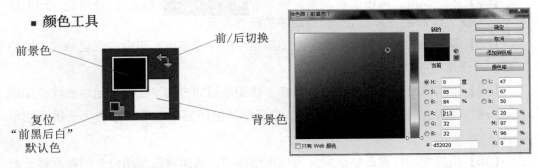

图6-1　颜色工具面板　　　　　　　　　　图6-2　拾色器工具面板

　　如图6-1所示，通过颜色工具栏，我们可以自动切换前景色与背景色，如果需要自动调整颜色，则可以把拾色器工具面板打开，如图6-2所示，选取任意位置来自动调整颜色。

6.3　高级调色工具

　　应用高级调色工具调整图像颜色，具体操作步骤如下。

　　【01】利用"填充"命令，可以对图像进行颜色填充。执行"填充"命令，在弹

出的对话框中，可以设置填充颜色的"内容"与"混合"选项，如图6-3所示。

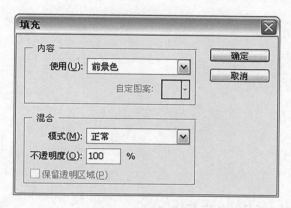

图6-3　填充面板

【02】通过"调整"命令可以对图像的颜色以及明暗进行调整，执行"图像—调整"命令，在弹出的子菜单中选择适当的选项，打开相应的对话框，对图像的颜色进行调整，如图6-4所示。

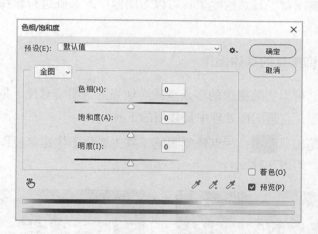

图6-4　调整图像颜色

配套教学视频
16

7

修图

7.1 图像修饰工具的应用

7.1.1 修复类工具的种类和作用

修复类工具主要有污点修复画笔工具、修复画笔工具、修补工具、红眼工具、仿制图章工具、图案图章工具。这些工具可以对图像中的瑕疵进行涂抹，呈现出图像的完美效果。

7.1.2 图像修饰工具的具体操作

图像修饰工具可以去除图像的多余杂质、加强图像明暗对比、抠取图像、制作图像特殊艺术效果等，它是图像处理中最常用的工具。

污点修复画笔工具 : 污点修复画笔工具主要用于快速修复图像中的污点和其他不理想的部分，如图7-1所示。

原图 修复后的效果

图7-1 污点修复画笔工具效果

◎ 修复画笔工具：使用修复画笔工具能够修复图像中的瑕疵，使瑕疵与周围的图像融合。利用该工具修复时，同样可以利用图像或图案中的样本像素进行绘画。

◎ 修补工具：利用修补工具可以使用其他区域或图案中的像素来修复选区内的图

像。修补工具与修复画笔工具一样，能够将样本像素的纹理、光照和阴影等与源像素进行匹配。不同的是，前者用画笔对图像进行修复，而后者是通过选区进行修复的。

◎ 红眼工具：在黑暗的灯光下或使用闪光灯拍摄人物照片时，通常会出现眼球变红的现象，这种现象称为"红眼现象"。利用Photoshop 中的红眼工具，可以修复人物照片中的红眼，也能修复动物照片中的白色或绿色反光，如图7-2所示。

去红眼

原图　　　　　　　　　　　　　　　　　　　去除红眼

图7-2　红眼工具效果

◎ 仿制图章工具：利用仿制图章工具修图时，先从图像中取样，再将样本应用到其他图像或同一图像的其他部分，也可以将一个图层的一部分仿制到另一个图层。

◎ 减淡工具：利用减淡工具能够表现图像中的高亮效果，并且在特定的图像区域内进行拖动，可以让图像的局部颜色变得更加明亮，如图7-3所示。

减淡效果

原图　　　　　　　　　　　　　　　　　　　减淡图像效果

图7-3　减淡工具效果

◎ 加深工具：加深工具与减淡工具的功能相反，使用加深工具可以

加深效果

表现出图像中的阴影效果，利用该工具在图像中涂抹可以使图像亮度降低，如图7-4所示。

原图　　　　　　　　　　　　　加深效果

图7-4　加深工具效果

◎ 海绵工具：海绵工具主要用于精确地增加或减少图像的饱和度，在特定的区域内拖动，会根据不同图像的特点来改变图像的饱和度和亮度。利用海绵工具，能够自如地调节图像的色彩效果，从而让图像色彩效果更完美，如图7-5所示。

去色效果

原图　　　　　　　　　　　　　去色效果

图7-5　海绵工具效果

◎ 模糊工具：工具箱中的模糊工具与"滤镜"菜单中的"高斯模糊"滤镜的功能类似，使用模糊工具对选定的图像区域进行模糊处理，能让选定区域内的图像更为柔和。

◎ 锐化工具：锐化工具用于在图像的指定范围内涂抹，以增加颜色的强度，使颜色柔和的线条更锐利，图像的对比度更明显，图像也变得更清晰。

◎ 涂抹工具：涂抹工具用于在指定区域内涂抹像素，以扭曲图像的边缘。当图像中颜色与颜色的边界显得格格不入时，利用涂抹工具就能使图像的边缘部分变得柔和。

◎ 橡皮擦工具：用橡皮擦工具擦除图像时，被擦除的图像部分显示为背景色，如图7-6所示。

原图 擦除背景

图7-6 橡皮擦工具效果

◎ 背景橡皮擦工具：用背景橡皮擦工具可以擦除图层中的图像，并使用透明区域替换被擦除的区域。用背景橡皮擦工具擦除图像时，可以指定不同的取样和容差来控制透明度的范围和边界的锐化程度。

◎ 魔术橡皮擦工具：用魔术橡皮擦工具可以擦除图像中与单击处颜色相同的区域，如图7-7所示。

原图 擦除部分图像 擦除更多图像

图7-7 魔术橡皮擦工具效果

◎ 用"液化"滤镜命令扭曲图像："液化"滤镜可用于推、拉、旋转、反射、折叠和膨胀图像的任意区域，可根据需要对图像进行细微或剧烈的处理。"液化"滤镜是修饰图像和创建艺术效果的强大工具，可以使用"液化"滤镜对人物进行修饰，还可以制作出火焰、云彩、波浪等效果。

◎ 用"消失点"滤镜修复图像效果：用"消失点"滤镜可以修复图像中的瑕疵，也可以在编辑包含透视平面的图像时保留正确的透视，如建筑物的一侧或任何一个矩形对象。

7.2 恢复与还原图像编辑

在对图像进行编辑时，经常会因为对某一步骤的操作不满意而需要重新操作，通常采用的方法是对图像先还原再操作，直到图像达到满意的效果。下面对图像的恢复与还原进行介绍。

◎ 还原："还原"就是取消图像的上一步操作，对图像进行编辑后，可以通过执行"编辑—还原"命令，对图像效果进行还原，如图7-8所示。

原图   创建选区   还原操作

图7-8 图像还原操作

◎ 前进一步与后退一步："前进一步"与"后退一步"也是对图像的操作步骤进行调整的命令，相当于对图像的操作步骤进行还原，执行"编辑—后退一步"命令，取消图像的上一步操作。执行"编辑—前进一步"命令，取消后退一步的操作。

◎ 用历史记录面板还原图像："历史记录"面板记录了在Photoshop中进行操作的步骤。必要时，可以对图像进行还原，重新对图像进行编辑。

配套教学视频
17

下 高级篇

BASIC CHAPTER

"互联网+"

Photoshop

进阶式教程

8

蒙版与通道

蒙版通常是一种透明的模板，覆盖在图像上保护某一特定的区域，从而允许其他部分被修改。蒙版上的开窗允许对图像的选定部分进行绘图和编辑，而图像的剩余部分会被蒙版保护着。

通道主要是用来存储图像色彩的，多个通道的叠加就可以组成一幅色彩丰富的全彩图像。由于对通道的操作具有独立性，因此，用户可以分别针对每个通道进行色彩、图像的加工。此外，通道还可以用来保存蒙版，它可以将图像的一部分保护起来，使用户的描绘、着色操作仅仅局限在蒙版之外的区域。可以说，通道是Photoshop最强大的功能之一。

8.1 蒙版的使用

8.1.1 蒙版的用途

想对图像的某一部分进行修改而又不想影响其他部分时，就需要使用直接或间接建立的选区或蒙版。相较而言，蒙版因其可以建立复杂的选区，或者在多个选区之间可以相加、相减、重叠，所以更具有灵活性。

8.1.2 使用蒙版

建立快速蒙版需要使用"快速蒙版"按钮，它位于工具栏的下方，图标为 ▣ ，单击该按钮会产生一个临时性的蒙版和一个临时的Alpha通道，如果想改变快速蒙版的颜色或遮罩的方式，可以双击"蒙版"按钮，在打开的对话框中调整快速蒙版的设置，如图8-1所示。

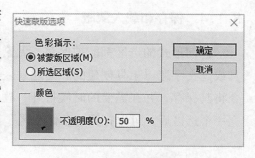

图8-1 快速蒙版选项对话框

快速蒙版可以通过一个半透明的覆盖层观察自己的作品，保护图像上被覆盖的部分不受改动，其余部分则不受保护。在快速蒙版模式中，非保护区域能被Photoshop的绘图和编辑工具编辑修改；当退出快速蒙版模式时，非保护区域将转化为一个选区。快速蒙版适用于建立临时性的蒙版，一旦使用完后就会自动消失。如果一个选区的建立非常复杂，或是需要反复使用，就应该为它建立一个Alpha通道。

8.1.3 使用快速蒙版

打开一幅图像和通道面板，此时，通道面板中已有4个表示色彩的通道，如图8-2所示。

图8-2 通道面板

建立椭圆形选区并羽化后，创建快速蒙版，如图8-3所示。

图8-3 羽化椭圆形选区及其通道控制面板

8.1.4 保存和载入蒙版

任何形式的选区都能被保存，无论是以快速蒙版模式创建的还是使用各种选取工具或是文字遮罩工具创建的。当建立一个选区之后，可以执行"选择—存储选区"命令将其保存，并在需要的时候打开"载入选区"对话框，将需要的选区调入使用。建立一个选区后，可以打开"存储选区"对话框，将其存为一个蒙版，如图8-4所示。

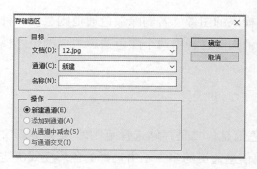

图8-4 存储选区对话框

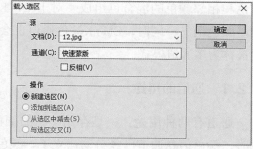

图8-5 载入选区对话框

需要在图像中置入选区时，可以执行"选择—载入选区"命令，打开"载入选区"对话框，如图8-5所示。

在"载入选区"对话框中，可以调入不同图像文件中的Alpha通道，并且可以选择是否反转。若已经存在Alpha通道，则可以使用"选择—存储选区"命令，打开"存储选区"对话框并进行修改，重新组合后再保存。在将蒙版存到一个已有的Alpha通道中时，对话框将不再提供更名功能。

8.2 通道的基本知识

通道是文档的组成部分，它存储了使用灰度亮度值的各种不同信息。由于通道代表了大量的信息，因此，它是Photoshop最常用的概念之一。所谓通道，就是在Photoshop环境下，将图像的颜色分离成基本的颜色，每一个基本的颜色就是一个基本的通道。因此，当打开一幅以颜色模式建立的图像时，通道工作面板将为其色彩模式和组成它的原色分别建立通道。例如，打开RGB图像文件时，通道工作面板会出现主色彩通道RGB和3个颜色通道（红、绿、蓝）。单击颜色通道左边的"眼睛"图标，将使图像中的该颜色隐藏，单击颜色通道的标注部分，则可以见到能通过该颜色滤光镜的图像，如图8-6所示。

三个颜色通道

原图像

过滤绿色通道

过滤红色通道

图8-6 三个颜色通道对比

若删除其中一个颜色通道，则RGB色彩通道也会随之消失，而此时图像将由删除颜色和相邻颜色的混合色组成。对于CMYK模式的图像，若删除颜色通道则会使一种油墨颜色消失，同时，CMYK颜色通道也会消失。这种由两个颜色通道组成的色彩模式被称为多通道模式。

8.2.1　通道的用途

通道有两种用途：一是存储图像的颜色信息；二是存储选择范围。当建立新文件时，颜色信息通道已经自动建立了。颜色信息通道的多少是由选择的色彩模式决定的，例如，所有RGB模式的图像都有内定的3个颜色通道：红色通道存储红色信息、绿色通道存储绿色信息、蓝色通道存储蓝色信息。CMYK模式的图像都有内定的4个颜色通道：青色通道、品红色通道、黄色通道和黑色通道，分别存储印刷四色的信息。灰阶模式的图像只有一个黑色通道。

8.2.2　通道的分类

通道分为两类：一类是用来存储图像色彩资料，属于内建通道，即颜色通道，无论打开或新建的是哪种色彩模式的文件，通道工作面板上都会有相应的色彩资料；另一类是用来固化选区和蒙版，进行与图像相同的编辑操作，以完成与图像的混合。

在Photoshop中，不同的图片格式有着不同的通道数目和类型，主要有灰度、RGB颜色、CMYK颜色、位图、Lab颜色等类型下的通道。

8.2.3　通道的作用

概括而言，通道的作用主要包括以下几个方面：

（1）通道可以代表特定视频荧光的亮度数据。

（2）通道可以代表打印墨水的强度。

（3）通道可以代表活动选择区。

（4）通道可以代表可变的不透明度。

（5）通道可以代表那些将放入页面布局程序和分离出来的专色通道。

如果要改变通道控制板中通道缩览图的显示大小，则可以从控制面板的弹出菜单中选择"调板选项"，此时会弹出如图8-7所示的对话框，用户可以像改变图层控制面板中图层缩览图标显示方式一样，选择期望的图标大小，单击"确定"，即可将通道的缩览图标设为对话框中相应的图标大小。如果选择对话框中的"无"选项，则不显示通道的缩览图标，而仅显示通道的名称和快捷键。

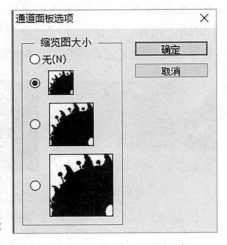

图8-7　通道面板选项对话框

8.3 通道的基本操作

8.3.1 建立新通道

在Photoshop中建立新通道有两种方法：一种是选择通道面板菜单中的"新通道"，出现如图8-8所示的"新建通道"对话框，填入选项，单击"确定"即可建立新通道；另一种是单击通道面板下的"新建"按钮，则会自动建立一个以Alpha 1命名的新通道。

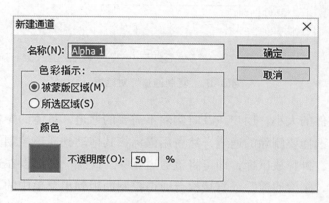

图8-8 "新建通道"对话框

8.3.2 设置活动通道

可以通过下列方法来选择要编辑的通道作为活动通道：在通道控制面板中，单击要编辑的通道名称即可将该通道设为活动通道。此时，通道标题栏将以亮色显示。先按住"Shift"键，然后单击颜色通道名称，可以在列表中选择任意多个颜色通道，若再次单击该颜色通道的名称，则可撤销对该颜色通道的选择。

8.3.3 改变通道的重叠次序

在通道控制面板中，颜色通道的顺序是不可改变的，但可以改变Alpha通道的顺序。具体的操作方法是：先用鼠标拖动该通道到所需的位置，再释放鼠标就可以改变该通道的顺序。当经过两个通道的相邻之处时，那里的通道边界会变粗，表示可以将通道插在此处，释放鼠标则可完成通道的移动。

8.3.4 复制通道

如果用户想在一幅图像中复制通道，则可以在通道控制面板中用鼠标将要复制的通道拖动到控制面板底部的"创建通道"按钮上，这样就可以将该通道复制到同一图形中。

此外，用户还可以先在通道控制面板中选择要复制的通道，然后从通道控制面板的弹出菜单中选择"复制通道"命令或在按住"Alt"键的同时用鼠标将选中的通道拖动到通道控制面板底部的"创建通道"按钮上，再释放鼠标，两种方法均可弹出"复制通道"对话框，如图8-9所示。

图8-9 "复制通道"对话框

为了控制文件的大小，用户应及时删除不需要的通道，具体的操作方法是：先在通道控制面板中选择要删除的通道，然后用鼠标将其拖动到通道控制面板底部的"删除通道"按钮上，再释放鼠标，即可将该通道删除。此外，还可以在选中要删除的通道后，直接单击"删除通道"或直接执行通道控制面板弹出菜单中的"删除通道"命令，这两种方法都可以将所选的通道删除。如果用户删除的为通道蒙版，则会弹出对话框，询问用户在删除通道蒙版时是否对图形应用该蒙版。如果想应用该蒙版，则单击"应用"；如果不用该蒙版且要删除该通道，则单击"放弃"；此外，单击"取消"，会取消当前删除操作。

图形文件并非都包含通道信息，在保存文件时，如果用户想保存图形中的通道，则应选择能保存通道信息的文件格式。在Photoshop中，能保存通道信息的文件格式有PSD、PDF、RAW、TIFF，因此，用户在保存通道信息时，一定要确认所选的文件格式是否为这些格式中的一种。

8.3.5 拆分通道

Photoshop中提供的分离通道命令，可以用来将图像的每个通道分离成各自独立的8位灰度图像，然后用不同的文件分别存储这些灰度图像。当然，被拆分的通道可以使用通道合并命令来将这些分裂出来的通道文件进行合并，从而产生一个多通道的图像。由于Photoshop只能对单个图层的图像进行通道拆分，因此，在拆分通道前一定要使用拼合图层命令将所有图层压缩为一个图层。

如果图像中包含多个图层，则先从"图层"菜单或图层控制面板的弹出菜单中选择"拼合图层"，就可将所有图层压缩为仅含一个图层的图像。然后，从通道控制面板的弹出菜单中选择"分离通道"命令，执行后将对图像文件中的所有通道进行拆分，此时，每个通道均为独立灰度模式的灰度图像，而且原始的图像文件被关闭，各个独立的通道出现在Photoshop的工作区。

8.3.6　合并通道

从通道控制面板的弹出菜单中选择"合并通道"命令，执行后，将弹出"合并通道"对话框，如图8-10所示。

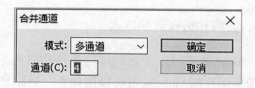

图8-10　"合并通道"对话框

其中，"模式"选项列表中各个选项的具体含义如下。

（1）RGB颜色：合并为RGB模式的彩色图形，如图8-11所示。

（2）CMYK颜色：合并为CMYK模式的彩色图形，如图8-12所示。

 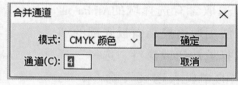

图8-11　合并RGB颜色通道　　　　　　图8-12　合并CMYK颜色通道

（3）Lab颜色：合并为Lab模式的彩色图形，如图8-13所示。

（4）多通道：合并为含多个Alpha通道的多通道图形，如图8-14所示。

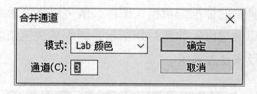 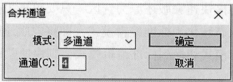

图8-13　合并Lab颜色通道　　　　　　图8-14　合并多个Alpha颜色通道

如果原来的图像不是CMYK模式，那么将它拆分后，就不能合并为CMYK模式，故应先执行"图像—模式—CMYK颜色"命令，将该图像转换为CMYK模式，然后拆分再合并。

8.3.7　混合单色通道

混合单色通道和合并拆分后的单色通道图像是不同的，前者是基于通道而言的，而后者则是基于单个的灰度图像。使用"图像—应用图像"命令，将一个图像的某一图层和通道与当前图像的某一图层和通道进行混合，然后将结果输出至目标图像。或者执行"图像—计算"命令，打开"计算"对话框，在"混合"下拉式菜单中选择混合模式。

8.4 通道、蒙版和选区的综合使用

8.4.1 Alpha 通道、蒙版和选区间的联系

在默认的状态下，Alpha通道对应于选择域的部分是白色，而选择域外的部分则是黑色的，而且作为图形保存的Alpha通道可以用任意一种编辑图形的方法来进行编辑，例如，可以使用选择工具对Alpha通道图形的局部进行编辑。如图8-15所示，将图中所建立的选择域保存在 Alpha 1通道中。当用户需要时，可以在通道控制面板中选取含有选择域的Alpha 通道，使用通道控制面板底部的加载选择域按钮或执行"选择"菜单中的"载入选区"命令，均可从选取的Alpha通道中加载选择域。

图8-15　将选区转换为Alpha1通道

单击工具箱中的快速蒙版编辑模式图标，可以将图中的选区转化为快速蒙版，并将其保存在Alpha通道快速蒙版中，图形中未被选择的区域用红色来标识。如果用户要将该快速蒙版还原为选区，只要单击工具箱的标准编辑模式图标，就可以将蒙版编辑状态转化为标准编辑模式，即将蒙版还原为选区。如图8-16所示，如果从快速蒙版编辑模式切换到标准编辑模式，则快速蒙版恢复为选区。

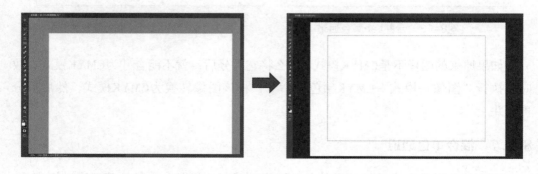

图8-16　将选区转换为快速蒙版

8.4.2 利用 Alpha 通道编辑选区

建立选区后，单击通道控制面板底部的"保存选区"按钮，就会产生一个默认设置的新的Alpha通道，并将图形中当前创建的选区保存在该Alpha通道中。如果想设置该通道的参数，则可以双击该通道，这样就可以用前面所述的方法改变通道的各个参数。此外，也可以执行"选择"菜单中的"存储选区"命令，将当前创建的选区保存到已存在的Alpha通道或创建新的Alpha通道来保存该选区。

当用户将选区保存在一个已经存在的通道时，操作过程中各选项的含义如下。

（1）替换通道：表示用当前选择替换通道中的选区。

（2）添加到通道：表示在通道中保存通道中的选区加上当前选择后的选区。

（3）从通道中减去：表示在通道中从通道中的选区减去当前选择后的选区。

（4）与通道交叉：表示在通道中保存通道中的选区与当前选区的公共部分。

8.4.3 利用快速蒙版编辑选区

当用户创建好初步的选区后，单击工具箱中的快速蒙版编辑模式图标，可以将图形的编辑模式转化为蒙版编辑模式，即此时的所有图形处理均作用于该蒙版，而不是图形。由于快速蒙版是保存于通道的图形，因此，用户可以利用绘图工具或编辑工具，甚至可以使用滤镜等来编辑蒙版。在快速蒙版编辑模式下编辑蒙版时，用户要注意选择前景色。在默认状态下，使用黑色绘图使蒙版增大，选择域减小；使用白色绘图则会使蒙版减小，选择域增大；而用灰色或其他颜色绘图，将根据颜色的灰度值来确定是增大还是减小选择域，即如果灰度值大于100时，将增大选择域，而小于100时，则会减小选择域。

当用户编辑好蒙版时，就可以单击工具箱中的标准编辑模式图标，从蒙版编辑状态切换到标准编辑状态，此时，蒙版又会转换为选区。

双击工具箱中的快速蒙版编辑模式图标，或者从通道控制面板中双击快速蒙版通道，或直接执行通道控制面板弹出菜单中的"快速蒙版选项"命令，则会弹出"快速蒙版"对话框，使用快速蒙版后，可以看到采用不同的颜色和透明度的蒙版效果，如图8-17所示。

不同颜色蒙版
效果

紫色透明50%时的效果

红色透明50%时的效果

图8-17 不同颜色和透明度的蒙版效果

8.5　图层蒙版

蒙版的作用就是把图像分成两个区域：一个是可以编辑处理的区域；另一个是"被保护"的区域，在这个区域内的所有操作都是无效的。从这个意义上讲，任何选区都是蒙版，因为创建选区后所有的绘图操作都只能在选区内进行，在选区外是无效的，就像被蒙住了。但是选区与蒙版又有区别，选区只是暂时的，而蒙版可以在图像的整个处理过程中存在。实际上，将选区保存之后，它就变成了一个蒙版通道，打开通道面板，就可以发现它，相反，也可以把蒙版通道载入为选区。

图层蒙版是在当前图层上创建的蒙版，它用来显示或隐藏图像中的不同区域。在为当前图层建立蒙版以后，可以使用各种编辑或绘图工具在图层上涂抹以扩大或缩小它。

一个图层只能有一个蒙版，蒙版和图层一起保存，若激活带有蒙版的图层时，则图层和蒙版一起被激活。

8.5.1　创建图层蒙版

若用户要为整个图像添加蒙版，则可以进行如下操作：首先清除当前图层中的所有选区，然后单击图层面板下的"添加图层蒙版"按钮，或执行"图层—添加图层蒙版—显示全部"命令，系统生成的蒙版将显示全部图像；如果在单击图层面板下的"添加图层蒙版"按钮的同时按住"Alt"键，或执行"图层—添加图层蒙版—隐藏全部"命令，则系统生成的蒙版将是完全透明的，该图层的图像将不可见，如图8-18所示。

图8-18　全部图像作为蒙版时的图层面板显示　　图8-19　选区内的图像可见，选区外的不可见

用户如果想通过选区创建蒙版，首先要建立选区，然后单击图层面板下的"添加图层蒙版"按钮，或执行"图层—添加图层蒙版—显示选区"命令，建立的蒙版将使选区内的图像可见而选区外的图像不可见，如图8-19所示；如果在单击图层面板下"添加图层蒙版"按钮的同时按住"Alt"键，或执行"图层—添加图层蒙版—隐藏选区"命令，则生成的蒙版将使选区内的图像不可见而选区外的图像可见，如图8-20所示。

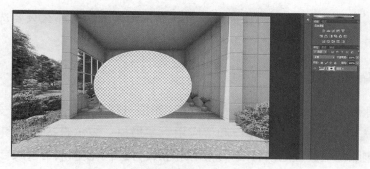

图8-20　选区内的图像不可见，选区外的可见

8.5.2　编辑图层蒙版

激活图层蒙版（此时在面板的第二列上有带圆圈的标记），当用黑色涂抹图层上蒙版以外的区域时，涂抹之处就变成蒙版区域，从而扩大图像的透明区域；而用白色涂抹被蒙住的区域时，蒙住的区域就会显示出来，蒙版区域就会缩小；而用灰色涂抹将使得被涂抹的区域变得半透明。

8.5.3　显示和隐藏图层蒙版

当按住"Alt"键的同时单击图层蒙版缩略图时，系统将关闭所有图层，以灰度方式显示蒙版。再次按住"Alt"键并同时单击图层蒙版缩略图或直接单击虚化的眼睛图标，将恢复图层显示。当按住"Alt+Shift"组合键并单击图层蒙版缩略图时，蒙版区域将被透明的红色所覆盖。再次按住"Alt+Shift"组合键并同时单击图层蒙版缩略图时，将恢复原来的状态。在上面两种操作的基础上，再双击图层蒙版缩略图，将弹出"图层蒙版显示选项"对话框，如图8-21所示，在此对话框中可以选择红色覆盖膜的颜色和透明度。

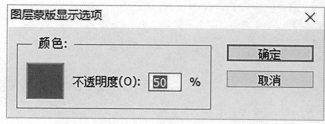

图8-21　图层蒙版显示选项

图8-22　停用图层蒙版

在图层面板上用鼠标右键单击图层蒙版缩略图，在弹出的快捷菜单中选择"停用图层蒙版"，或直接选择"图层—停用图层蒙版"，或者在按住"Shift"键的同时单击图层蒙版缩略图，都可以暂时停用（隐藏）图层蒙版。此时，图层蒙版缩略图上有一

个红色"×"，如图8–22所示。如果想要重新显示图层蒙版，那么只要选择"图层—启用图层蒙版"即可。

8.5.4　删除图层蒙版

先将要删除的图层蒙版激活，然后执行"图层—移去图层蒙版"命令，将会弹出两个子菜单选项，分别为"扔掉"和"应用"。"扔掉"表示直接删除图层蒙版，"应用"表示在删除图层蒙版之前将效果应用到图层，相当于使图层与蒙版合并。

配套教学视频
18

9 智能对象

9.1 创建智能对象

创建智能对象有许多种方法，一般而言，你所采用的创建方式多取决于你创建它的时机和位置。例如，当你创建"链接智能对象"或者创建嵌入式智能对象的时候，情况和需求就不尽相同。除了通过菜单和设置来管理和创建不同的智能对象外，我们最常用的方式就是直接在图层面板中，通过右键单击菜单来将图层转换为智能对象，操作如图9-1所示，或者将特定图层拖动到工作区来创建，如图9-2所示。经过设置后，当你把新图像拖入图层中，就会自动转换为智能对象。

图9-1　转换为智能对象

将图片用PS打开后，你会发现，该图片所在图层1右下角有一个小图标，如图9-2所示，在对图片进行自由变换(快捷键"Ctrl+T")时，图片中变换区域会有对角线（普通自由变换没有对角线），如图9-3所示，说明这就是一个"智能对象"。

图9-2　智能对象图层

图9-3　智能对象图层对角线显示

9.2 | 智能对象的优点

对图层进行形状、效果上的改变和滤镜的使用等，这些改变仅仅是对外观的改变而没有破坏内部图层。智能对象可以由多个图层组成，并且可以双击进入编辑。同时，智能对象还可以来源于Photoshop外的其他软件（比如AI）。

智能对象的优点是，可以达到无损处理的效果，即智能对象能够对图层进行非破坏性的编辑。我们在使用PS过程中常会遇到这样的情况，当你把某个普通图层上的图形缩小后再拉大，图像就会变得模糊不清；如果将图层事先转变成智能对象，那么无论做任何变形处理，图像始终和原始效果一样。当然这也有个限度，即不能超出图形原来的大小，因为你把图层设定为智能对象后，所有的像素在变形的时候都会被保护起来。

若编辑一个智能对象，则所有的智能对象都会一起被编辑。如果你把一个或者几个图层转换为智能对象，然后对其中任意一个图层进行编辑处理，则其他几个也会发生相同的变化。这样，我们在处理图层较多的图片时就很方便。并且，可以将任意一个智能对象的图层单独提到文件外，成为一个单独的文件，然后对它进行编辑处理，处理完以后，还可以把它放回原来的文件，这时其他图层也会套上加进来的那个文件图层中的样式。

智能对象具有强大的替换功能。我们知道，在PS里可以将某个图层中添加的所有图层样式复制粘贴到另外一个图层中，但它只局限于同一张图片的图层，而在对某张图片上智能对象的图层执行一系列的调整、滤镜等的编辑后，你就可以方便地将这些编辑应用在另外一张图片上。你只要右键单击，选择菜单中的"替换内容"，就可以把A图片的编辑效果复制粘贴到B图片。但是，当你用画笔直接在转换为智能对象的图层上涂抹时，系统会禁止这样的操作，如图9-4所示，提醒你必须栅格化智能对象后才可以操作（其他有改变图层像素数据的操作也会被禁止）。这是因为图层转换为智能对象后，就变为矢量图，该图层的像素数据被严格保护起来，无法直接执行改变像素数据的操作。

图9-4　系统对话框

9.3　保证图片质量不受损

智能对象的重要特性之一就是确保图像质量不受损。被栅格化的图片在做拉伸变形处理时，极易遭到破坏，即使进行旋转也会造成像素损失从而影响图片质量。但是，如果你事先将图层转化成智能对象，那么PS会记录图片的原始信息，此后再对其进行多次缩放，也能让图片质量与最初保持一致。值得注意的是，当图片放大到超过原始图片大小时，智能对象也会显得模糊，这一点和矢量图是不一样的。

9.4　保存自由变换的设置

智能对象的另一重要特性就是具有保存自由变换设置的功能。简单而言，当你对一个图片进行扭曲变换之后，依然可以让被扭曲的图片恢复到初始的设定状态，以便再次使用。

9.5　共享源文件

如果PS中复制了智能对象，那么与此同时被嵌入或者链接的源文件也同时被多个智能对象共享。这意味着无论复制多少次智能对象，都可以通过修改源文件的形式对智能对象进行批量更新修改。在PS中运用智能对象可以保护栅格或者矢量图像的原始数据，是有效防止对原始对象进行破坏性编辑的重要工具。在最新发布的PS CC中，智能对象工具中还新增了"链接智能对象"的功能。

9.6　通过拷贝新建智能对象

执行"图层—智能对象—通过拷贝新建智能对象"命令，可以直接在图层面板中新建智能对象，且这个新的图层不会受到嵌入对象或者链接共享源的影响而改变。

9.7　替换内容

执行"图层—智能对象—替换内容"命令，可以直接替换原有的图片。即使你之前对这张图片进行了旋转和变换等操作，也不会受到影响。

9.8　链接智能对象

这一功能是PS CC独有的，这使得用户对智能对象使用外部源文件成为可能。对于多个PSD文件，可以将其中的智能对象链接到同一个源文件，若编辑该源文件后，则多个PSD文件将被同时批量修改，节省了大量的操作时间。

9.9 | 使用智能滤镜

　　智能对象可以将滤镜转化为智能滤镜。这种可编辑的滤镜效果既可以单独使用，也可以叠加在一起使用。只有少数滤镜是无法用作智能滤镜的。单击"滤镜—转化为智能滤镜图层—智能滤镜"，可以选择停用、清除或者删除智能滤镜。

9.10 | 智能滤镜蒙版

　　使用智能滤镜时，图层面板上对应位置会出现一个白色矩形，那就是智能滤镜蒙版。智能滤镜蒙版可以屏蔽应用到这一图层的特定滤镜效果，非常实用。

配套教学视频
19

滤镜

10.1　滤镜的含义

　　滤镜主要用来实现图像的各种特殊效果。执行菜单栏中的"滤镜"命令，如图10-1所示，打开后，可以看到如图10-2所示的所有滤镜的功能。

图10-1　执行"滤镜"命令　　　　　图10-2　滤镜的功能

10.2　滤镜的分类

　　滤镜可分为风格化滤镜、模糊滤镜、扭曲滤镜、锐化滤镜、视频滤镜、像素化滤镜、渲染滤镜、杂色滤镜等。

10.3　滤镜的操作

　　滤镜的操作步骤如下：

　　第一步，建一个500像素×500像素的透明画布，如图10-3所示，用喷桶工具给画布上色，如图10-4所示。

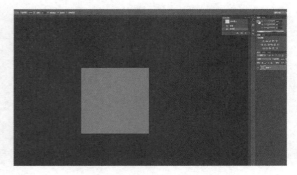

图10-3　新建画布　　　　　　　　　　图10-4　给画布上色

第二步，执行"滤镜—渲染—云彩"命令，效果如图10-5所示。

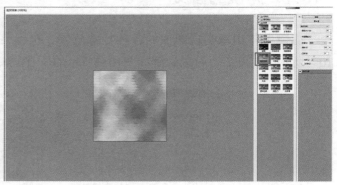

图10-5　云彩效果　　　　　　　　　　图10-6　滤镜艺术效果展示

第三步，单击滤镜，打开滤镜库，从滤镜库中选择"艺术效果—底纹效果"，效果如图10-6所示。

第四步，尝试滤镜的风格化操作，将上面图层执行"滤镜—风格化—查找边缘"命令，效果如图10-7所示。

第五步，执行"滤镜—模糊—场景模糊"，效果如图10-8所示。

图10-7　滤镜风格化效果展示　　　　图10-8　滤镜模糊效果展示

第六步，执行"滤镜—扭曲—波纹"，得到如图10-9所示的对话框，进行参数设置。设置好参数后，单击油漆桶工具上色，效果如图10-10所示。

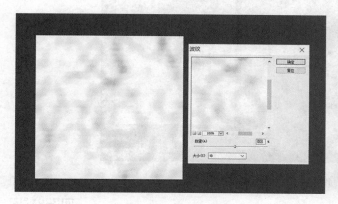

图10-9　滤镜扭曲设置

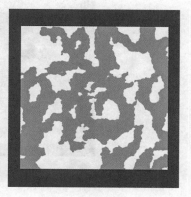

图10-10　波纹效果展示

第七步，执行"滤镜—锐化—USM"，得到如图10-11所示的锐化效果。

第八步，执行"滤镜—杂色—添加杂色"，操作如图10-12所示，添加杂色后，得到如图10-13所示的效果。

图10-11　锐化效果展示

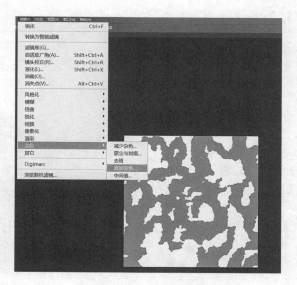

图10-12　添加杂色操作

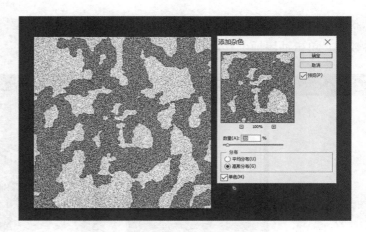

图10-13　杂色效果展示

配套教学视频
20

11

动画

在前几章介绍了PS中的5种类型的图层，按顺序依次为像素图层、调整图层、文字图层、形状图层以及智能对象。而在对应的时间轴里，各种类型的图层都有对应时间轴的动作属性。所有的动作属性包括：位置、不透明度、样式、图层蒙版位置、图层蒙版启用、变换、文字变形、矢量蒙版位置、矢量蒙版启用。

11.1　部分名称描述

◎ 位置：像素图层中元素移动的位置，也可以理解成位移，它不包含旋转和缩放，并且对形状图层无效。

◎ 不透明度：指的是图层的透明度，而如果仅仅调整"填充栏"，则对不透明度无效。

◎ 样式：图层样式，产生动画的是各种样式参数变化（如颜色、角度、大小、不透明度等参数）。

◎ 变换：是动作最多的一个属性，其中包含移动、缩放、旋转、斜切、翻转等操作，因此，在很多情况下都需要把图层类型转换为智能对象才能操作。

矢量蒙版位置：形状图层中元素移动的位置。

11.2　动画操作演示

第一步，创建一个500像素×500像素的画布，调出时间轴面板，如图11-1所示。

第二步，先新建一个图层，再单击"创建时间轴"按钮，如图11-2所示。

第三步，做一个颜色变化的动画，先用形状工具画一个圆，然后在时间轴面板中单击样式旁边的一个小钟标志，启用关键帧（出现菱形），执行"动画—给图层加上图层样式—颜色叠加"命令，打上勾并任意填充颜色，如图11-3所示，然后回到时间轴，执行"拖动时间线到想要的位置—双击图层调出图层样式—在颜色叠加设置另一种颜色"命令，如图11-4所示。

图11-1 时间轴面板展示

图11-2 创建时间轴展示

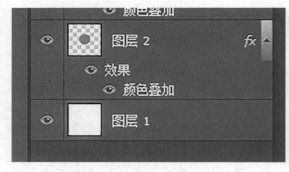

图11-3 创建图形展示

图11-4 创建变色图形展示

第四步，这时已经制作好颜色变化的动画了，接下来可以调整关键帧的位置，如图11-5所示，可设置动画的长度等（导出时生效）。

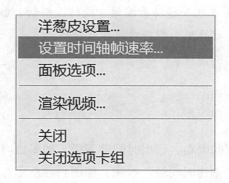

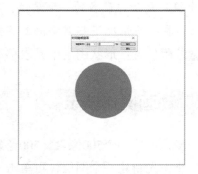

图11-5 设置时间轴帧

第五步，导出动画，选择"文件—储存为Web所用格式—选择GIF格式—循环选项"，如果文件太大，那么可以在确保画面质量的情况下减小颜色值后再导出，如图11-6所示。

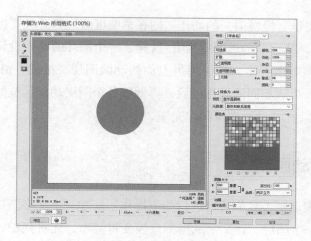

图11-6　导出动画展示

　　一般来说，制作动画时不会选择像素图层，因为它的动作属性可操作性不强，正如我们设计UI时也不会直接用像素绘制。如果我们需要制作的动画中包括旋转或者缩放，就应把图层转换为智能对象。但文字图层例外，因为它已经有变换的动作属性，仅仅改变颜色或者移动位置，直接用形状图层制作便可。

11.3　GIF 动画制作

　　GIF动画是由圆环从小变大并且慢慢消失的过程，如果我们直接用圆圈减去的方法制作圆环，那么圆环的宽度并不能始终保持一致，因此可采用图层样式的方法制作。

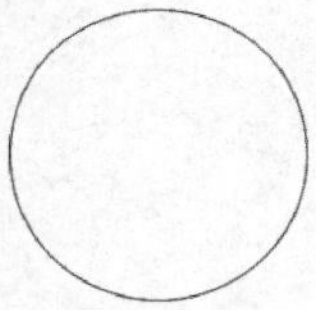

　　操作步骤：先用形状工具画一个足够大的正圆，如图11-7所示，然后转换为智能对象再将其缩小，之后将其图层填充为0，再添加图层样式，最后描边。因转换为智能对象缩小后再次放大也不会失真，所以图片质量好。

图11-7　绘制圆形

　　接下来转到时间轴上制作动画。圆环发生缩放属于变换的动作属性，因此，在变换旁边打开关键帧开关，然后拖动时间线到指定位置，再次放大圆环，如图11-8所示。

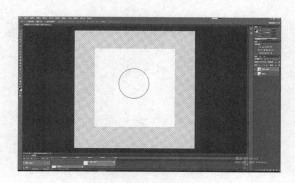

图11-8　绘制圆形动画

　　圆环如果还要设置慢慢消失的动作，则在透明度旁边打开关键帧开关，设置开始帧的透明度为100，结束帧的透明度为0，这样，一个圆环的动作设置就完成了。我们需要很多个圆环跟着节奏走，所以拷贝上面的动画图层，按住"Alt"键并移动鼠标（复制多个圆环），生成相同的动作以后，再调整各个图层动画预览的位置，并错开时间紧随节奏，这样，GIF动画即可制作完毕。

11.4　模糊动画制作

　　制作一个模糊动画，我们可以进行如下操作：新建一个文字图层并打上模糊，按"Ctrl+J"键复制一个图层，让文字从模糊慢慢变得清晰，先将其中一个图层转换为智能对象再添加其高斯模糊滤镜。然后将开始帧的透明度设为100，结束帧设为0，将另外一个图层开始帧的透明度设为0，结束帧设为100，参数反过来设置后，图层就由"不模糊"变得"模糊"。

配套教学视频
21

12

Bridge 和 Camera RAW

12.1　Bridge 简介

Bridge顾名思义，就是桥梁的意思。它是Photoshop的一个控件，一般在打开Photoshop之前会打开Bridge。Bridge是在Adobe的所有软件之间搭一座桥，它可以查看各种文件的格式。在Brige里面双击某种格式的图片，会自动用对应软件打开，非常方便。

12.2　Bridge 界面

单击文件下拉式菜单中的"在Brige中浏览"，或者按"Alt+Ctrl+O"键，打开界面，操作如图12-1所示。

新建(N)...	Ctrl+N
打开(O)...	Ctrl+O
在 Bridge 中浏览(B)...	Alt+Ctrl+O
在 Mini Bridge 中浏览(G)...	
打开为...	Alt+Shift+Ctrl+O
打开为智能对象...	
最近打开文件(T)	▶
关闭(C)	Ctrl+W
关闭全部	Alt+Ctrl+W
关闭并转到 Bridge...	Shift+Ctrl+W
存储(S)	Ctrl+S
存储为(A)...	Shift+Ctrl+S
签入(I)...	
存储为 Web 所用格式...	Alt+Shift+Ctrl+S
恢复(V)	F12
置入(L)...	
导入(M)	▶
导出(E)	▶
自动(U)	▶
脚本(R)	▶
文件简介(F)...	Alt+Shift+Ctrl+I
打印(P)...	Ctrl+P
打印一份(Y)	Alt+Shift+Ctrl+P
退出(X)	Ctrl+Q

图12-1　Bridge打开展示

打开 Bridge，我们能看到如图12-2所示的工作区，Bridge能自定义工作区的布局，如必要项、胶片、输出等，每一种布局都有不一样的功能面板组合。

图12-2　Bridge工作区

12.3　文件夹的命名

通过对Bridge的了解，我们还需要配合软件对文件夹进行合理的命名。很多人由于拍摄的作品众多，如果没有良好的图片管理习惯，那将会堆积很多，杂乱无章。如何合理命名文件夹方便我们迅速查找到图片呢？建议最好采用多级管理方式。具体操作步骤如下。

【01】第一级可以按年份（2019年、2020年、2021年）命名，如图12-3所示。

【02】第二级可以按"年—月—地名"（2019—03—衢州）命名，如图12-4所示。

【03】第三级可以按"年—月—日—事件"（如地点、人名、事件等）命名，如图12-5所示。

【04】同时，我们还能把每年优秀作品的原片挑选出来，由于优秀作品数量相对较少，所以我们可以根据原片和后期作品，再建一个五星精品作品文件夹和一个良好作品文件夹，这样便于找到优秀作品的原片和后期作品。如果作品后期需要处理，还可以分为大图和小图文件夹，这样，用户就可以根据需求快速找出作品。

图12-3　文件夹展示1

图12-4　文件夹展示2

图12-5　文件夹展示3

12.4　Bridge 浏览

如何通过Bridge进行浏览、选择图片呢？可以根据Bridge的自定义工作区选择自己喜欢的观看方式。比如，必要项和胶片布局，必要项布局能看到文件夹的分布、过滤器、元数据、相机数据、缩览图等信息，便于迅速找到照片。胶片布局则是方便的布局，右下栏有缩览图可快速寻找到我们需要的照片，只需要按左、右方向键就可以查找切换需要的照片，右上主界面可以通过大图观察我选中的照片，并且可以通过空格键全屏预览。如果你看到喜欢的作品，不仅可以单击鼠标放大观看细节，还可以用双击鼠标直接将选中图片调入Photoshop进行编辑处理。

如果我们在缩览图中看到多张相似的照片时，那么可以通过快捷键"Ctrl+B"进入选图模式。在选图模式下，可以单击鼠标放大细节，同时进行对比，其中，文件名是高亮的表示被选中，通过键盘上的左、右方向键进行图片切换，按向下键可以剔除所选照片，选图模式有利于筛选最优作品，如图12-6所示。

图12-6　选图模式

12.5　评级与过滤

为了更好地管理我们的作品，Bridge还有评级和过滤功能。我们在浏览图片时，可以通过评级或者标签来对作品进行分类。比如，可以通过Ctrl+数字（1、2、3、4、5）标星，如图12-7所示，选中图片后，按"Ctrl+4"组合键即可标注4颗星，标注完成后，我们可以在左下角过滤器中查看评级，这样就可以快速查找到各个星级的图片。

图12-7　四星级的作品

除了标星级外，过滤器还有其他功能，如曝光时间、光圈、镜头、日期、机型、长宽边、焦距等功能，这些功能都能方便我们快速查找到所需的照片。

12.6　Camera RAW 简介

Camera RAW是内置于Photoshop中专门用于处理RAW格式的一个插件。打开它的方式很简单，只要把RAW的文件直接拖入Photoshop界面即可。

下面简单介绍如何在Camera RAW界面下进行照片的处理（为方便起见，下面Camera RAW界面简称CR界面，Photoshop界面简称PS界面）。

图片处理前，先对Photoshop软件进行简单的设置，如图12-8至12-14所示。

图12-8　打开首选项

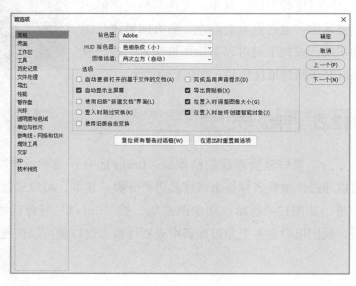

图12-9　常规设置

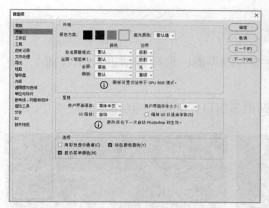

图12-10　界面设置

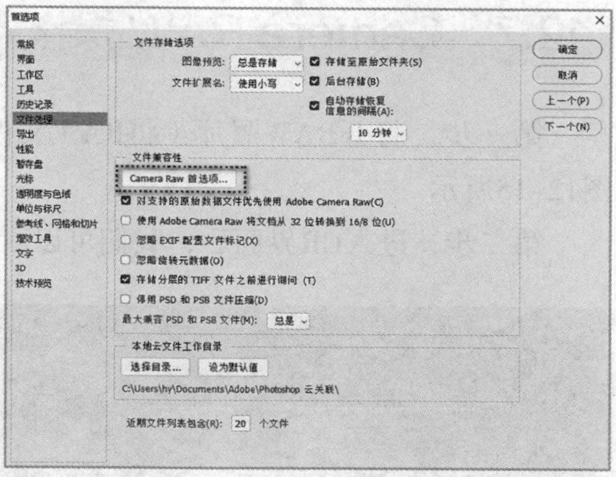

图12-11　文件处理设置

图12-12　Camera RAW设置

图12-13　性能设置

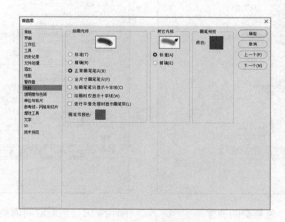

图12-14　光标设置

　　注意，在性能设置时，暂存盘设置一定要选择最大的分区，并把它调到第一项。设置完毕即可进行后续操作。

12.7 Camera RAW 操作

第一步，打开RAW照片（将RAW文件拖入PS界面，即可自动进入CR界面），如图12-15所示。

第二步，进入CR界面后，我们可以看到很多窗口，如图12-16所示。

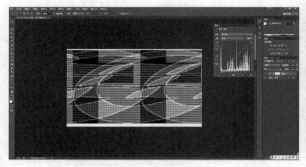

图12-15　打开RAW照片　　　　　　　　　　图12-16　各窗口功能

第三步，在调整照片前，有一个重要的工作要做，那就是进行色彩空间和色彩深度的调整，如图12-17所示。

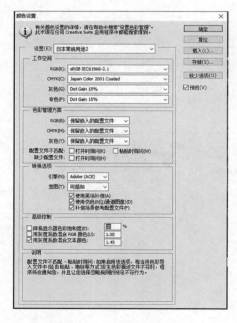

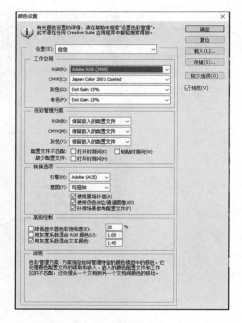

图12-17　色彩空间调整　　　　　　图12-18　色彩空间调整为Adobe RGB

如图12-18所示的窗口，将选项调整为"Adobe RGB"和"16位"确定。RAW的调整都应该在16位的Adobe RGB空间下进行，只有在这个空间下，才能充分发挥RAW的强大功能。

第四步，下面我们要做的工作就是进行RAW的调整。调整界面里有很多滑块，调整时，亮度、对比度、细节饱和度、饱和度滑块尽量不动，其他的都可以调整。除了基本界面外，还有一个界面我们也要介绍下，那就是"色调曲线"。进入"色调曲线"后，我们可以看到两个选项，即"参数"和"点"。"点"是平面设计时使用的，一般不用去考虑它，我们只进行"参数"调整。在"参数"调整界面下，一共有四个选项，我们只调整"亮调"和"暗调"，亮调是曲线2/3的亮部调整，高光是剩下1/3的调整，暗调和阴影同样。较少情况下需要调整"高光"和"阴影"，如图12-19所示。

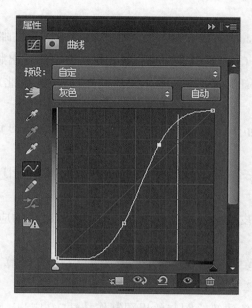

图12-19　调整曲线

第五步，照片打开后，先调整"黑色"和"曝光"将直方图两端填满，不能有溢出，如高光部分仍无像素，则可适当调整"亮度"。进入"色彩曲线"，调整"亮调"和"暗调"，如有溢出，可先忽略，因为后续还要调整。"色彩曲线"调完后，回到基本界面，进行后续调整。这时的调整主要是"填充亮光""恢复""透明"。"填充亮光"是对画面暗部进行填充，不影响亮部区域，调整参数不大于"40"。"透明"是用来恢复高光细节的，不影响暗部，调整参数不大于"40"。"透明"一个去灰的过程，调整参数大于"40"。所有参数调整完后，可进行"色温"的调整。

第六步，照片调整完后，就可以存储了。存储前，需要把"色彩空间"和"色彩深度"调回到"RGB"和"8位"。

配套教学视频
22

参考文献

[1] 王梅君.Photoshop建筑效果图后期处理技法精讲[M].3版.北京：中国铁道出版社，2016.

[2] 李金明，李金荣.Photoshop CS6完全自学教程[M].北京：人民邮电出版社，2012.

[3] 麓山文化. Photoshop CC建筑表现208例[M].北京：机械工业出版社，2014.

[4] 王西亮，贾飞.Photoshop CS6建筑效果图后期处理技法[M].北京：人民邮电出版社，2015.

[5] 冉秋.浅谈Photoshop在三维建筑效果图后期处理中的运用[J].中国新通信，2017,19(9)：81.

[6] 赵翠萍.Photoshop在三维建筑效果图后期处理中的运用分析[J].信息与电脑(理论版)，2019(8)：60–61.

[7] 高宝芹.Photoshop磨皮及通道抠图技术在数码照片处理中的应用[J].电子技术与软件工程，2014(3):84.

[8] 李琴.Photoshop在室内效果图后期处理中的应用[J].计算机光盘软件与应用，2015,18(3)：211–212.

[9] 覃辉，杨新宇，周宏.建筑绘图与效果图制作技法[M].广州：华南理工大学出版社，2003.

[10] 赵雪梅，刘悦.Photoshop CC效果图后期处理技法剖析[M].北京：清华大学出版社，2016.

[11] 马存伟，徐贺，等.Photoshop建筑效果图后期处理手记[M].北京：清华大学出版社，2005.

[12] 孙启善，胡爱玉.Photoshop CS6效果图后期处理完全剖析[M].北京：北京希望电子出版社，2013.